Die in der Mark Brandenburg und andern deutschen Provinzen mögliche und nützliche Einführung der Fruchtwechselwirthschaft.

Nebst einer Widerlegung der gegen dieselbe von dem Herrn E. Ch. von Buggenhagen, in dessen Beiträgen zur Aufnahme der Landwirthschaft in Schwedisch-Pommern gemachten Einwürfe,

dargestellt

von

August Karbe.

Zweite verbesserte Auflage.

Berlin, 1805.
Bei Gottlieb August Lange.

Sr. Excellenz

dem

Königl. Preuß.

wirklichen dirigirenden Minister

Herrn Freiherrn von Voß,

dem Beschützer der Landwirthschaft,

in tiefer Verehrung zugeeignet

von

dem Verfasser.

Vorrede.

Es ist keinesweges meine Absicht, über das praktische Handbuch des Herrn von Blankensee eine vollständige Kritik zu liefern. Ich verehre diesen Mann, als einen zu seiner Zeit einsichtsvollen Oeconomen, der sich schon seit vielen Jahren gegen die Dreifelderwirthschaft erklärte, und sie als eine fehlerhafte Wirthschaft mit einer 7 und 14 feldrigen vertauschte, und in sofern einen ganzen Haufen anderer Landwirthe hinter sich ließ, die dem Schlendrian der Dreifelderwirthschaft auch unter den ungünstigsten Verhältnissen ergeben blieben.

Wenn

Wenn er aber in seinem praktischen Handbuche gegen die Einführung der Wechselwirthschaft aufstehen, sich auf seine vieljährigen Erfahrungen stützen, und seiner 7. und 14. feldrigen Koppelwirthschaft Vorzüge vor allen Wirthschaftsarten einräumen will, so halte ich mich, da ich eines andern überzeugt bin, durch meine Absicht berechtiget, die hieher gehörenden Einwürfe zu beleuchten. Ich hoffe dabei in den Augen dieses alten würdigen Mannes nicht zu verlieren, weil ich ihn nicht persönlich beleidigen mag, sondern weil es mir, wie ihm, nur um Wahrheit und nicht um Rechthaberei zu thun ist. Wir wollen, wenn es ihm so gefällig ist, ruhige Zuschauer bleiben, wenn unsere Leser über unsere Grundsätze urtheilen; die Waagschale des Beifalls mag sinken, auf welche Seite sie will.

Er ist nicht der Einzige unter den Deutschen Landwirthen, der ein widriges Vorurtheil gegen die von dem berühmten Thaer in Deutschland vorgeschlagene und in England auf vielen Wirthschaften eingeführte Wechselwirthschaft gefaßt hat. Viele zweifeln, ob sie in

Deutsch-

Deutschland anwendbar ist, und ob sie bei uns die Vortheile gewährt, die man in England und in den Niederlanden davon zieht. Aus Erfahrung sprechen die wenigsten, sondern, wie es bei allen unversuchten Dingen ist, aus analogischen Prinzipien, womit sie über Möglichkeit und Nützlichkeit zu entscheiden gedenken.

Die meisten Landwirthe nehmen in den Begriff der Wechselwirthschaft noch eine Menge anderer Gegenstände auf, die doch mit derselben in gar keiner nothwendigen Verbindung stehen. Können sie nun beweisen, daß diese in ihrer Localität nicht anwendbar sind, so glauben sie der Wechselwirthschaft selbst den Stab gebrochen zu haben. Herr Thaer hat vielleicht selbst, doch ohne seine Schuld, zu dieser Ideenvermischung zufälliger Weise Veranlassung gegeben. Seine Schriften, welche Wirthschaftsverbesserungen überhaupt zum Gegenstande haben, als wozu er Materialien nicht nur aus der englischen Wirthschaft, sondern auch aus der Niederländischen und aus den Mustern deutscher Wirthschaften sammlet, enthalten einen zu reichen Stoff, als daß sich nicht mancher

cher Leser in dem eigenthümlichen Endzwecke derselben irren sollte. Alles heißt nun englische Wirthschaft. Herr Thaer spricht von den Vortheilen der Stallfütterung, vom Säen des Getreides mit der Drillmaschine, von englischen Ackerwerkzeugen, von der Weise der Engländer, das Vieh zu futtern, das Getreide aufzubewahren, die Rüben auf dem Felde vom Vieh verzehren zu lassen, von dem hohen Aufwande, von den vielen Kosten, die der und jener auf die Kultur seines Landes, auf die Veredlung seines Viehstapels, und auf die Production von hohen Erndten verwendet, von den hohen Erndteerträgen u. d. g. Solche Dinge, sagen sie dann, sind in Deutschland nicht möglich, so etwas können wir nicht einführen, Wechselwirthschaft gehört nur für den Engländer.

Zum Glück gehören aber diese Dinge sammt und sonders nicht zur Wechselwirthschaft. Stallfütterung ist, wie Herr Thaer selbst sagt, eine Deutsche Erfindung, und wird von den Engländern sogar für unmöglich gehalten; ob wir uns gleich von der Möglichkeit derselben

unter

unter Umständen, und selbst bei der Wechselwirthschaft recht gut durch den Augenschein überzeugen können. Die Drillmaschine ist in ihrer Art nützlich, aber bei weitem in England noch nicht im allgemeinen Gebrauche; viele Wechselwirthe säen das Getreide mit dem Wurf und geben ihm sogar den Vorzug. Auch die Pferdehacke und andere englische Ackerinstrumente werden nur hie und da von einem und dem andern Wirthe angewendet; andere ersetzen die Stelle derselben durch die gewöhnlichen Pflüge und beschleunigen die Handarbeit durch Hacken, welche auf einer Seite sehr breit und auf der andern spitzig sind, um mit Geschwindigkeit und doch mit Vorsicht die Behackung der Früchte zu beendigen. Die Art und Weise der Engländer, das Vieh auf dem Hofe in den kältesten Monathen zu futtern, sonst aber immer auf dem Acker ihm Rüben und andere Früchte preis zu geben, ist gar keine nachahmungswürdige Gewohnheit. Wir wollen sie den Engländern gerne lassen und unsere Früchte im Stalle mit der besten Sparsamkeit futtern. Wenn es aber auf die Möglichkeit ankommt, ob dieses auch in Deutschland gesche-

geschehen könne, so zweifle ich keinen Augenblick. Es giebt, lese ich in einem vom Herrn Thaer in seine Schriften aufgenommenen Tagebuche eines Pommerainers, einige Turnipsarten, die auch unter Schwedischen Schnee und Eise gut bleiben; und an einem andern Orte, nehmlich im ersten Theile seiner Einleitung in die englische Wirthschaft S. 645. spricht Thaer von einer Art Schaafe, die man in den hohen rauhen felsigten Gegenden Schottlands findet. Diese erhalten sich bey der heftigsten Kälte, Sturm und tiefem Schnee, wo sie ihre Nahrung unter demselben herausholen. Vielleicht wäre diese Schaafrace nicht ohne Vortheil in den waldigen Distrikten von Hinterpommern einzuführen, wenn wir uns durch Erfahrung von dieser Eigenschaft und von ihrem anderweitigen Nutzen erst hätten überzeugen können?

Wenn wir nicht englische Wirthschaft in Deutschland einführen wollen, wie wir dergleichen verunglückte Versuche aus den vorigen Zeiten aufzuweisen haben, sondern wenn wir das Gute der englischen Wirthschaft, wozu ich besonders ihre Wechselwirthschaft zähle, mit unse-

unserer Deutschen Wirthschaft so vereinigen, daß eine die Fehler der andern gleichsam aufreibt, so halte ich mich überzeugt, daß wir unserm Deutschen Vaterlande kein edleres Geschenk machen könnten, als dieses. Ich habe mich bemüht, in dieser Schrift die Möglichkeit und den Nutzen dieser so viele Vorzüge in sich vereinigenden Wechselwirthschaft darzustellen. Wenn es aber auf die Ausführung und Anwendung derselben im Staate ankommt, so möchte es wohl hauptsächlich an den Wirthen selbst liegen, wenn die Einführung derselben Schwierigkeiten findet. Es gehört Lust dazu, sagen sie. Daher muß ich mit Herrn Thaer in den patriotischen Wunsch einstimmen, daß sich doch einmal in Deutschland ein wahrhaft landesväterlicher Regent entschließen möchte, auf einem herrschaftlichen Domainengute ein Institut anzulegen, worauf durch Unterricht und Erfahrung junge Männer zu geschickten Oeconomen vorbereitet würden. Ich glaube es, was Thaer sagt, daß der Nutzen für das Land groß, selbst für die herrschaftlichen Domainen groß seyn würde. Möchte doch das, was Herr Thaer in seiner Einleitung in die engli-

englische Wirthschaft im 1sten Theile S. 681 über die Einrichtung einer solchen Akademie des Ackerbaus sagt, beherziget werden; die glücklichen Folgen davon wären vielleicht nicht zu berechnen, da der Flor der Landwirthschaft mit dem Flor des Staats in einer so unmittelbaren Verbindung steht.

Chorin im Februar
1802.

Der Verfasser.

Vor-

Vorrede
zur neuen Auflage.

Die größtentheils gütige Aufnahme der 1ten Auflage dieser Schrift, so wie der Wunsch mehrerer meiner Freunde und Gönner, hat mich bewogen, gegenwärtige Auflage zu bewirken und darin diejenigen Erfahrungen mit aufzunehmen, die ich während der Zeit, als die 1te erschien, in der Wechselwirthschaft gemacht habe. Diese haben mich nur noch mehr in der Ueberzeugung von den grossen Vortheilen, welche die Einführung derselben gewähret, bestärkt. Auch habe ich in dieser Auflage einige zur Bestätigung meiner Grundsätze dienende Bemerkungen aus der kritischen Beurtheilung über die 1te Ausgabe, welche der Herr Geheime-Rath Thaer in dem 4n St. des 4ten Jahrgangs der Annalen der Niedersächsischen Landwirthschaft dem Publikum vorgelegt hat, als Noten dem Buche beigefügt, weil es dadurch an Vollständigkeit und Brauch-

barkeit

barkeit gewinnt, und in dieser Hinsicht hoffe ich von dem Herrn Thaer eine gütige Verzeihung zu erhalten. Ueber Stallfutterung mochte ich vorsetzlich nichts sagen, so sehr auch meine neuere Erfahrungen ihr das Wort reden. Sr. Durchl. der Herr Herzog Friedrich von Schleßwig-Holstein-Beck hat in seinem Commentar über die 1ste Aufl. dieser Schrift schon so viel Gutes und Ueberzeugendes davon gesagt, daß es unnütz gewesen seyn würde, wenn ich hier noch etwas hinzugefügt hätte. Doch kann ich den Glauben nicht bergen, daß der Wirth besser thun wird, die Stallfutterung als Folge und nicht als Grundlage der Wechselwirthschaft zu betrachten und darnach hin zu arbeiten. Dies führt zwar nicht so schnell aber doch meiner Meinung nach sicherer zum vorgesteckten Ziele, es sey denn, daß Ortsverhältnisse diese ganz vorzüglich begünstigten und sicher stellten.

Ausserdem erachtete ich noch für nöthig dieser Ausgabe eine Widerlegung der Einwürfe, welche der Hr. Landrath E. Ch. von Buggenhagen in seinen Beiträgen zur Aufnahme der Landwirthschaft in Schwedisch-Pommern, gegen die Nützlichkeit meiner Vorschläge gemacht hat, anzuhängen. In dieser Widerlegung habe ich nicht immer die eigenen Worte des Hrn. v. Buggenhagen aus seiner Schrift, so auch das, was Hr. Thaer darüber gesagt hat aus den Nieder-

sächsi-

sächsischen Annalen ausgehoben; sondern nur da, wo es mir durchaus nothwendig zu seyn schien, weil es mir nicht um die Vermehrung der Bogenzahl, noch viel weniger um die Erhöhung des Preises des Buches zu thun war, und weil ich glaubte, daß diejenigen meiner Leser, die ein besonderes Interesse dabei haben könnten, die Schrift des Hrn. v. Buggenhagen und die Niedersächsischen Annalen v. Hr. Thaer selbst besitzen würden, und selbige leicht nachschlagen könnten. Ich habe dagegen noch den Anhang der 1sten Ausgabe, über die zweckmäßigste Ablohnung der Schäferknechte, in der gegenwärtigen ganz weggelassen, weil ich überdies glaubte, daß die Zeitverhältnisse diesen sehr gut entbehren ließen. Eben so ließ ich jetzt alles weg, was die Berichtigung der Unrichtigkeiten in dem praktischen Handbuche des Hr. P. von Blankensee betraf, weil dieser meinen S. VI der Vorrede zur 1sten Auflage geäußerten Wunsch ganz unerfüllt gelassen hat.

Hr. von Blankensee hat sich so weit vergessen, daß er seine vermeintliche Recension meiner Schrift, welche die 2te Abtheilung des 2n Theils seines angeblich praktischen Handbuchs ausmacht, sogar in das Gewand einer Schmähschrift gekleidet hat. Jeder rechtliche Mann würde es mir daher gewiß verdacht haben, wenn ich zur Berichtigung und Aufdeckung der darin ent-

enthaltenen Unwahrheiten und Beleidigungen auch nur eine Feder angesetzt gehabt hätte.

Für meine Freunde bemerke ich nur noch, daß ich alles, was ich von mir und meiner Wirthschaft gesagt habe, zu beweisen bereit bin. Wenn dieser oder jener sich aber einen höhern Begriff davon gemacht hatte und mit gespannter Erwartung dahin gegangen war, und diese etwa nicht ganz nach seinem Wunsche erfüllt fand; so gebe ich zu erwägen, daß mir kleine Mißgriffe in der Ausführung meiner Plane wohl zu verzeihen sind, da ich bis jetzt 6 Meilen von Weselitz entfernt gelebt habe. Und wer überdem weiß, wie viel Zeit eine treue Erfüllung meiner Berufspflichten erfordert, der wird auch wissen, wie äusserst wenig Zeit mir übrig geblieben ist, für mein und meiner Wirthschaft Bestes selbst sorgen zu können. Ich stehe jetzt in der Hoffnung mich ihr bald mehr nähern und ihr dadurch eine gefälligere Gestalt geben zu können.

Chorin im Februar
1805.

Der Verfasser.

Inhaltsanzeige.

IV. Abschnitt.

V. Abschnitt.

An-

VI. Abschnitt.

VII. Abschnitt.

VIII. Abschnitt.

IX Abschnitt.

Anhang.

Ein-

Einleitung.

Das Bedürfniß einer bessern Wirthschaftsweise, als die ist, welche das System der Dreifelderwirthschaft mit sich bringt, wird von einigen Landwirthen unserer Zeit mehr und minder gefühlt. Wer eine große Menge wildes Wiesenheu gewann, und auf seinem weitläuftigen Felde das Glück hatte, in den letztern Jahren, in welchen der Getreidepreis zu einer enormen Höhe gestiegen ist, gute Erndten zu machen, der fühlte dieses Bedürfniß weniger. Wer aber auf eine kleine Wiesenfläche eingeschränket war, zum Behuf seines Viehstandes noch Heu kaufen mußte, wegen Mangel an Düngung schlechte Erndten machte, und mithin, während er alle Wirthschaftsbedürfnisse doppelt theuer bezahlen mußte, der Activhandel mit Getreide sehr schwach war, dem mußte gewiß bei den theuren Heupreisen die Dreifelderwirthschaft zur drückenden Last werden, wenn er eine bessere

Wirthschaftsweise kannte. Die hohen Getreidepreise und der damit verbundene hohe Ertrag solcher Landgüter, die durch ihre Lage, vortreflichen Boden und Ueberfluß am natürlichen Heu und Düngung, das Glück hatten gute Erndten in wenig fruchtbaren Jahren zu erhalten, verleiteten wirklich manchen Wirth, zu glauben, daß seine Dreifelderwirthschaft die beste Wirthschaft von der Welt sey. Daß der dritte Theil seines Feldes in unbebaueter Brache lag und wenig oder gar keinen reellen Nutzen für ihn hatte, bemerkte er nicht, weil er darin, daß er bei seiner Wirthschaft reich wurde, den Probestein für die Vortreflichkeit seiner Wirthschaftsweise fand.

Leider waren aber alle diese Konjuncturen ein blosser Zufall des Glücks. Hohe Getreidepreise, was sind sie anders, als Glücksfälle für den Wirth, der keine Mißerndte erlitten hat? Starker Heugewinn ist nichts anders, als eine zufällige Mitgift der Dreifelderwirthschaft. Den an sich guten Boden, die gute Lage, haben auch nur wenige Wirthschaften. Daß sich also eine Wirthschaft und ein Getreideboden auch bei der Dreifelderwirthschaft im fortdauernd fruchtbarem Zustande erhalten konnte, war nicht der guten Wirthschaft, sondern dem glücklichen Zufall zuzuschreiben.

Man darf aber nicht von einzelnen reichen Erndten, denn solche giebt es freilich bei ausserordentlichen Jahren auf einigen wohlgedüngten Flecken in der Dreifelderwirthschaft auch, auf die Güte einer Wirthschaftsart schließen.

schließen. Der Wirth muß sich vom Zufall und bloßen Glückserscheinungen so viel als möglich loszureißen suchen, muß mit strenger Unparteilichkeit über seine Wirthschaft, als wäre sie die eines andern Wirths, richten, und nicht der Eigenliebe täuschende Entschuldigungsgründe erlauben. Vor allen muß er den verderblichen Wahn fahren lassen, als ob es Schande für den practischen Wirth sey, mit der Feder in der Hand über seine Wirthschaftsverhältniße nachzudenken. Gelehrte Kenntniße gehören nicht dazu, aber detaillirte Wirthschaftsrechnungen mit Genauigkeit zu führen, oder durch einen Rechnungsführer führen zu lassen. Verweilt man dann nicht mit allzu großer Selbstzufriedenheit bei sich selbst, blickt man mit wißbegierigem Auge um sich herum, stellt man Vergleichungen an zwischen verschiedenen Wirthschaftsarten und Zweigen des Landbaus, so wird man bald die schwachen Seiten der eignen Wirthschaft entdecken. Man bekommt doch nicht mehr, sagt der Landwirth, wenn man auch hinlänglich ausgemittelt hat, wie viel Stroh und Heu man auf diesem und jenem Morgen gewonnen hat, daher sind Berechnungen solcher Art überflüßig. Auf dieses Vorurtheil gründet sich bei uns die traurige Erfahrung, daß es in den meisten Landwirthschaften immer beim Alten bleibt, und daß selten ein Wirth daran denkt, über Schaden und Nutzen, über Nothwendigkeit und Entbehrlichkeit, über Besser und Schlechter besondere, auf Thatsachen sich gründende Betrachtungen anzustellen. Wir haben mehr zu thun, wir können nicht in der Stube rechnen und balanciren, wenn wir in der Scheune oder auf dem Felde seyn müssen, wir haben wohl gelernt mit der Harke umzugehen, aber nicht mit der Feder. Traurig genug für einen im Staate so wichtigen Mann, der nicht beides zu vereinigen gelernt hat, da seine Thorheit nicht nur Einfluß auf ihn allein, sondern auch auf viele seiner Nebenmenschen zu haben pflegt. Ist es möglich zu entscheiden, ob man den Acker lieber mit Weitzen oder mit behackten Früchten bestellen soll, wenn man nicht von beiden genaue Ertragstabellen von mehreren Jahren angefertiget hat? Ob es besser ist, spanische oder inländische Schaafe zu halten, kann nur eine Balance zwischen Kosten und Gewinn lehren. Ohne sich auf einen genauen Kalkul dieser Art stützen zu können, bleiben entweder alle Wirthschaftsverbesserungen unmöglich, oder sie sind äusserst riskante Dinge, und können nur auf gut Glück angefangen werden. Mißrathene Versuche von Wirthen, die sich mehr auf ihre Gelehrsamkeit oder ihren Unternehmungsgeist, als auf ihre practische Erfahrung verließen, sind mir in Menge bekannt, da sie oft den gänzlichen Verfall dieser Männer nach sich gezogen haben. Practische Erfahrung würde ihrem Spekulationsgeist eine andere Richtung gegeben haben. Unter practischer Erfahrung verstehe ich aber keinesweges jene sich bloß auf Augenmaaß und Handgriff stützende Kenntniß der alten mechanischen Geschäfte der Oeconomie. Diese besitzt der Pflugknecht, der Drescher und Häckselschneider

schneider oft in weit vollkommnerm Grade, als der Landwirth, ohne daß man diesen Leuten practische landwirthschaftliche Erfahrung, von welcher Verbesserungen in der Wirthschaft zu hoffen sind, zuschreiben wird. Es ist mechanische Thätigkeit, während practische Erfahrung auf hellen Einsichten, und gründlicher Ueberzeugung beruht. Diese Ueberzeugung kann nicht mit bloßen Vermuthungen bestehen, und wenn sie mehr gegründet seyn soll, darf sie nicht vorgefaßte Meinungen zur Grundlage haben.

Daher sollte es sich der Landwirth keinesweges zur Schande anrechnen, wie es häufig der Fall ist, genau in das Detail seiner Wirthschaft einzudringen. Maaß, Gewicht und Feder sollten in dieser Hinsicht seine Hauptinstrumente seyn, um das Plus und Minus darnach bestimmen zu können. Kleine Versuche, zu höhern Endzwecken angestellt, sind nützlich und wohlthätig auch dann, wenn sie mißglücken, weil sie das Maaß landwirthschaftlicher Erfahrung füllen und zu Resultaten führen, die practisch nützlich werden können. Ich sahe die Nothwendigkeit dieser Bemerkungen ein, darum fügte ich sie bei, ob sie gleich in den Augen des erleuchteten Wirths eine bekannte Sache sind.

I. Abschnitt.

Begriff und Endzweck der Wechselwirthschaft.

Die Wechselwirthschaft ist dasjenige Ackersystem, welches durch das möglichst beste Verhältniß zwischen künstlichem Futter und Getreidebau und durch die möglichst vollkommenste Ackerkultur, die der Localität möglichst größte Production abzugewinnen sucht. Die neuern Oeconomen haben dieses Wirthschaftssystem Wechselwirthschaft genannt, weil in der Fruchtfolge fast ein jährlicher Wechsel zwischen Getreideerndten und Futterkräuterbau statt findet, und nicht, wie bei der Mecklenburgischen Koppelwirthschaft, der Acker eine Reihe Jahre zu Getreide, und dann wieder eben so lange zur Weide gebraucht werden soll. Die Empfehlung dieser vortheilhaften Wirthschaftsweise haben wir hauptsächlich dem Herrn Geheimerath Thaer zu danken, dessen Verdienste um die deutsche Landwirthschaft wahrscheinlich derselben eine neue Epoche herbeiführen, und sie auf einen höhern Grad der Vollkommenheit erheben werden. Er würdigte die englische Landwirthschaft einer neuen Prüfung,

fand

fand Vollkommenheiten, die ihren Grund nicht in der Localität allein haben, und suchte nun nebst andern vorzüglichen deutschen Oeconomen, dieselbe mit der deutschen Landwirthschaft in zweckmäßige Verbindung zu setzen. Durch diese Vereinigung der englischen und deutschen Landwirthschaft entstand das System unserer Wechselwirthschaft, welche wir deshalb englisch nennen könnten, weil wir jetzo den Engländern die ersten Grundzüge dazu verdanken. In wiefern sie schon in Deutschland und besonders in den Niederlanden eingeführt war, und vielleicht gar von da nach England gekommen ist, kann ich nicht untersuchen; zum Theil hat es Herr Thaer schon gethan. Meine Absicht ist bloß zu zeigen, daß auch unsere Gegend und unsere Landwirthschaft für die Vorzüge der Wechselwirthschaft empfänglich ist, und daß es unrecht seyn würde, bei unserm alten Schlendrian zu bleiben, da uns ein günstigeres Licht leuchtet.

Die Dreifelderwirthschaft — ich meine hier zunächst die gewöhnliche mit unbebaueter Brache — wird von den besten Oeconomen das aussaugende Ackersystem genannt. Und welcher practische Wirth kann dieses leugnen, wenn er den Zusammenhang derselben ohne Vorurtheil berechnet hat! Eine urbare Fläche, die in drei Feldern bewirthschaftet wird, kann sich schlechterdings nicht durch sich selbst in einem und ebendemselben fruchtbaren Zustande auf eine Reihe von Jahren erhalten. Nie kann auf den zwei mit Getreide besäeten Feldern

dern so viel Stroh und Mist gewonnen werden, daß dadurch das dritte Feld, welches Brache liegt, in der Art wieder ausgedüngt werden könnte, daß die verlornen Kräfte völlig wieder ersetzt würden. Daher schlagen die Dreifelderwirthe verschiedene Wege ein, um diesen Abgang an Fruchtbarkeit nicht so sehr zu empfinden. Sie suchen sich entweder eine recht große Menge von Wiesen zu verschaffen, welche ihre Kräfte dem Acker leihen sollen; — daher sind die Wiesen in einem weit höhern Preise, als die Aecker, zum deutlichen Beweis, wie schlecht die Ackerwirthschaft ist, die solcher fremder Surrogate bedarf, wenn sie sich nicht selbst verzehren soll. — Oder wo Wiesen nicht im Ueberfluß vorhanden sind, da schreitet man zu andern Mitteln, die der Mangel am Miste lehrt. An einigen Orten hält man dann nur eine kleine auserwählte Fläche im dreijährigen Miste, und das andere Feld, welches man darben läßt, muß jenes durch seine kärgliche Erndte düngen helfen. An andern Orten, wo das Feld ohne Mist nach einer Reihe von Jahren gar nicht mehr tragen würde, düngt man zwar das ganze Feld in einer gewissen Ordnung, jedoch so, daß man nur alle 9, 12 und 15 Jahre mit der allgemeinen Düngung herum kommt, und dabei ist man doch noch genöthiget, durch häufige Ruhejahre der gänzlichen Erschöpfung vorzubeugen und durch Schonung und Benutzung zur Weide es einigermaßen in tragbarem Zustande zu erhalten.

In einem oder in dem andern Falle wird sich jeder

Wirth

Wirth befinden, der in drei Feldern wirthschaftet, wenn er nicht Heu, Stroh oder Mist in Menge käuflich erhalten kann oder ein ausserordentlich großes Weiderevier besitzt. Im Durchschnitt der Jahre und des Bodens kann man auf Einem Morgen

im Winterfelde nicht mehr als 6 Mandel
im Sommerfelde nicht mehr als 4 —

Getreide erndten, also 10 Mandel

Da mit dem ausgedroschenen Stroh hievon ein Ochse kaum 8 Wochen gefuttert werden kann, wenn er vom bloßen Strohe leben soll, so ist leicht zu berechnen, daß davon nicht mehr, als ein vierspänniges Fuder Mist von 80 Kubickfuß gewonnen werden kann; folglich nur so viel, daß der vierte Theil des zum Gewinn dieses Strohes benutzten Ackers wieder ausgedüngt werden kann. Gesetzt aber auch, daß man mit Zuziehung des von der Brachhütung gewonnenen Mistes den dritten Theil desselben ausdüngen könnte, so sind 9 Jahre nöthig um ihn völlig wieder unter Mist zu setzen. Dazu kommt nun noch, daß der Acker, je mehrere Jahre er ohne Mist Getreide trägt, desto kraftloser wird, und also die oben angezeigte Menge Stroh nicht einmal mehr liefern kann. Daher ist es kein Wunder, wenn die Dreifelderwirthschaft kaum so viel Mist giebt, daß der 12te Theil des Feldes damit wieder gedüngt werden kann. Alle Wirthe, die nicht Wiesen, große Weidetriften, oder einen mit vegetabilischen Stof-

fen

sen überschwenglich gemischten Boden besitzen, werden mir beistimmen, und also auch denjenigen, welche diese Wirthschaft das aussaugende System nennen. Wer nicht nur die jährlichen Interessen seiner Renten, sondern noch überdies von Zeit zu Zeit einen Theil seines Kapitals verzehrt, ist ein schlechter Wirth, bis er Anstalten trifft, seine Ausgaben wenigstens mit der Summe seiner Zinsen zu bestreiten. Aber wenn nun ein reicher Verwandter das jährlich wieder ersetzt, was am Kapitale verzehrt worden ist? Ein glücklicher Zufall, worauf sich aber der gute Wirth nicht verlassen sollte! Auch die Wiesen nehmen, der Erfahrung nach, jährlich an ihrer Güte ab, wenn man ihnen immer nimmt und nie, oder nur höchst selten, etwas von ihrer Production wieder giebt, es sey denn daß ihnen durch Bewässerungen ein Ersatz zugeführt wird. Der reiche Verwandte kann ja sterben, dann hört der Zuschuß auf. Unabhängige Selbstständigkeit ist wohl nicht ein Zug in dem Charackter einer solchen Wirthschaft, deren Bestehn nur auf die Beraubung einer dritten Fläche sich gründet, und die nicht in sich selbst das Maaß ihrer Kraft erhalten kann.

Es ist zweitens ein bei jeder sich selbst überlassenen Dreifelderwirthschaft eingewebter Fehler, daß ein fast gänzlicher Mangel an grüner Futterung und Sommerweide, selbst in den besten Jahren, obwaltet. Ja, je besser die Wirthschaft geführt wird, desto grösser ist dieser Mangel. Ein schlechter Wirth, der seine Brache

schlecht

schlecht und nur zur höchsten Nothdurft pflüget, der die Stoppel der Weide wegen schonet, dabei wenig Vieh hält, hat allenfalls Weide genug in seiner Brache. Ein besserer Wirth aber, der den Acker pflüget, wenn es Zeit ist, und so oft er es demselben zweckmäßig hält; ein Wirth, der so viel Vieh hält, als nöthig ist, dem muß es schlechterdings an Weide fehlen, wenn sich sein Vieh bloß aufs Brachfeld den langen Sommer hindurch, einschränken soll. Kaum die Schaafe, wenn deren auch wenig gehalten werden, haben Nahrung darauf, und das Milchvieh muß auf dem Stalle bleiben und mit Heu und Stroh ernährt werden, das hernach oft bei spät eintretendem Frühlingswetter fehlt, und den Wirth der Schaaffütterung wegen in Sorgen setzt; oder es muß ein großer District in eine Hütungskoppel eingeschloßen und eingezäunt werden, der nicht nur für den Getreidebau gänzlich verloren ist, sondern auch meistens eine schlechte Weide liefert. Hieraus ist sichtbar, wie gering der Viehstand, sowohl der Quantität als Qualität nach, in solch einer Wirthschaft seyn kann. Zum Glück haben noch die meisten Wirthe das für die Bauern traurige Recht auf den Aeckern, Wiesen und Weiden der Unterthanen einen Theil des Viehes zu weiden; — zum Glück haben sie noch hie und da Nebentriften auf Bergen und Heiden. Allein diese Gegenstände der Zuflucht in der Noth stiften oft mehr Schaden, als Nutzen, zwar nicht für den Wirth, aber doch für den Unterthan und für den Staat, und es wäre also

sehr

sehr zu wünschen, daß eine veränderte Wirthschaftsverfassung diese Reste der Barbarei aufheben ließe. Unsere Dreifelderwirthschaft würde sich um keinen Preis dazu verstehen können, aber die Wechselwirthschaft bedarf dieser Nothbehelfe nicht, wenn Schaden in anderer Rücksicht dadurch gestiftet wird.

Einige suchen diese Mängel einigermaßen dadurch zu heben, daß sie Klee und Brachfrüchte in die Dreifelderbrache bringen und dadurch mehr Futter zu gewinnen suchen. Ueber diese Wirthschaft mag ich im allgemeinen nichts sagen, weil sie meistentheils noch verderblicher ist, als die Wirthschaft mit schwarzer Brache. Der Klee wird in die zweite Tracht gesäet und geräth selten, und seltner noch geräth das Getreide, das in seine verwilderte Stoppel gesäet wird. Düngung verschaft er wenig, weil er in der zweiten Tracht nicht Kräfte genug fand, um eigentlich eine gute Erndte zu geben. Winterkorn, nachher gesäet, machte seine baldige Umpflügung nöthig. Da der Boden durch zwei Getreidetrachten verwildert war, und also einer reinen Brache bedurfte; so wird der Klee unrein, und hinterläßt das Land in keiner für die Vegetation günstigen Lage. Daher lehrt es die Erfahrung, daß er gewiß mißräth, wenn man im 3ten Jahre ihn wieder auf diesen Acker bringen wollte. Unter diesen, für den Getreidebau nachtheiligen Umständen, sind viele von dieser Methode zurück zur leeren Brache gekommen, weil sie eingesehen haben, daß der Klee, auf diese Art gebauet, wohl nie ganz die Stelle der Brache vertreten kann. In reichem Bruch- und Marschboden, oder bei einer so glücklichen Grundmischung desselben als ich sie im Braunschweigschen, in dem unterm Theile des Hildesheimischen und im Magdeburgischen sahe, so wie beim Ueberfluß an Wiesen läßt sich jedoch alles möglich machen; aber wenige befinden sich in so günstigen Verhältnissen. Gern unterschreibe ich aber, was Herr Thaer in den Niedersächsischen Annalen 4ten Jahrgangs 4ten Stücks S. 401 und 402 über diesen Gegenstand sagt.

Um dem Mangel an Weide zu entgehen, und zugleich den Mangel am Miste einigermaßen zu ersetzen, oder doch wenigstens nicht so drückend zu empfinden, nahm der Mecklenburger Landwirth in der Mitte des vorigen Jahrhunderts unter gewißen Abänderungen die Wirthschaftseinrichtung von Hollstein, — die sogenannte Koppelwirthschaft, an. Er theilte den gesammten Flächeninhalt seines Ackers in 7. 8. 9. 10 und 11 Schläge, und bediente sich der Hälfte zum Getreidebau, und der andern zur Weide und zur Brache. Da er hiedurch ein großes Weiderevier bekam, so konnte der kleinere zu Getreide bestimmte Raum mit weniger Zugvieh bearbeitet und auch etwas besser gedüngt werden, als zuvor. Aber nur in wenigen Distrikten von Deutschland ausser Mecklenburg machte man Gebrauch von dieser Wirthschaftsart, ungeachtet sie große Vorzüge vor der Dreifelderwirthschaft hat, wo kein Ueberfluß an Wiesen und Weiden ist. Sie baut eben so viel

viel Getreide, als Dreifelderwirthschaften ohne Wiesen, sie hebt den Mangel an Weide und zum Theil auch an Mist. Allein sie hat einen Fehler, der in menschenreichen Gegenden sehr fühlbar wird, indem sie weder die Menschen noch den Acker selbst in eine so wohlthätige Wirksamkeit setzt, als man wohl wünschen mögte, doch ist die gewöhnliche Dreifelderwirthschaft auch nicht frei von diesem Fehler. Man erwartet aber in jener zu viel von der Kraft der Ruhe, die doch, als solche betrachtet, dem Acker gar keine neue Kräfte schaffen kann. Die Hütungsschläge, die Brachschläge liegen in diesem Stande der Ruhe, und nur sparsam nähren sie einige wilde Gräser, gute und schlechte. Angestrengt wird der Acker nicht, aber was giebt er? Wenig genug, vier, fünf und wohl gar neun Morgen gehören dazu, um einer Kuh gehörige Sommerweide zu geben, und also ist der Mistvorrath auch eben so kärglich. Auf diesem ebenfalls hier eintretenden Mistmangel gründet sich hauptsächlich die Eintheilung des Ackers in Binnen- und Aussenschläge, indem letztere auch dazu gleichsam verdammt sind, keinen Mist zu erhalten. Auf Kleeweide ist, wenn man auch Klee ansäen will, gewöhnlich wenig Rechnung zu machen, weil derselbe dem Systeme nach, erst in den Nachschlag, also in die dritte Tracht nach Mist gesäet wird, und also im Durchschnitt schlecht genug, auch als Weide betrachtet, ausfallen muß. Die vielen Getreidetrachten nach einander erschöpfen den Boden, und machen ihn sowohl zur Weide, als zu andern Früchten ungeschickt. Um dieses noch mehr ins Licht zu setzen, werden mir meine Leser erlauben, die Erfahrung, die ich in dieser Hinsicht machte, mit wenigen hier beizufügen, weil sich hierauf meine Ueberzeugung gründet.

Von Jugend auf in und zu der Landwirthschaft erzogen, begünstiget durch das Glück, unter der Anleitung eines der damals vorzüglichsten Oeconomen und Königlichen Beamten, des jetzt verstorbenen Oberamtmanns Karbe, meines Oheims, die Wirthschaft zu erlernen, und unter seiner Oberaufsicht mehrere Jahre sie als Wirthschaftsaufseher zu betreiben, gelang es meinen Wünschen, auf dem, diesem meinem Oheim damals, nebst dem Domainenamte Chorin, auch in Generalpacht zugehörenden Amte Gramzow in dtr Ukermark, das damit verbundene Vorwerk Weselitz von demselben in Zeitpacht zu erhalten.

Es gehörte nur der Anblick und einiges Nachdenken dazu, um einzusehen, wie viele Fehler von den vorigen Pächtern dieses an sich sehr gut gegründeten Vorwerks in der Bewirthschaftung begangen worden waren, und wie es daher eine sehr natürliche Folge war, daß dieselben entweder banquerott gespielt, oder doch, dem Umfange des Vorwerks nach, sehr wenig darauf erworben hatten. Es hat guten und zum Theil vortrefflichen Weitzenboden; aber gerade auf solchen Gütern kann der Pächter am wenigsten erwerben, wenn er die Güte des Bodens nicht in Thätigkeit zu setzen und

und zweckmäßig zu benutzen weiß. Das Pachtquantum ist auf diesen gesegneten Gütern der Ackerzahl nach weit beträchtlicher, als auf solchen, die schlechten Boden und meistentheils im Umfange desselben viele Weidetriften in Brüchern, Heiden und wüsten Flecken haben, deren Nutzen im Pachtkontracte sehr gering veranschlagt, aber doch von dem Wirth sehr hoch geschätzt wird, weil der Dreifelderwirth ohne sie fast nicht fertig werden kann. Die meisten Wirthe hingegen fragen doch lieber nach gutem Weizacker, ungeachtet in seinem Bezirk selten weite Hütungsplätze sind. Der gute Acker findet immer seine Liebhaber, und daher ist der Pachtzins gewöhnlich sehr hoch, oder doch wenigstens höher, als auf dem weniger gesuchten Sandboden. Fehlt es aber an Weideplätzen, so kann der Dreifelderwirth auf seiner Brache wenig Vieh im Sommer halten, muß seine Winterfütterung sparen, kann also wenig Vieh halten, wenig Mist machen, und wo dieser fehlt, da fehlt alles.

Ich zählte es daher gleich anfangs unter die vorzüglichsten Fehler, welche bei Bewirthschaftung dieses Vorwerks begangen worden waren, daß man dasselbe von Anbeginn bis jetzt in drei Feldern gehalten hatte. Die Wirthschaft war ganz nach dem gewöhnlichen Leisten zugeschnitten, Winterkorn, Sommerkorn, Brache, und von letzterer hatte man etwa den zehnten Theil mit Erbsen und Wicken besäet. Daß man auf diese Weise wenig Weide für Rind- und Schafvieh hatte, und an eine beträchtliche Menge Mastvieh gar nicht denken konnte, zufrieden wenn man das anschlagsmäßige Vieh durchgefüttert hatte, darf ich wohl Niemand sagen, der eine Dreifelderwirthschaft kennt, die sich meistentheils auf ihren urbaren Acker einschränken muß. Daß von diesen, nur mit Stroh reichlich versehenen Vieh, auch nur strohiger Mist fallen konnte, und daß die Quantität ziemlich klein war, ist eben so natürlich. Funfzig Fuder mittelmäßiges Heu wurden gewonnen, und mit Hülfe derselben jährlich ein Drittheil der Brache ausgedüngt. Allein, was ist eine neunjährige Düngung, auf einem Vorwerk, das von 1500 Morgen jährlich eine sehr bedeutende Summe an Pachtgeld zahlen muß! Wie die Düngung, so die Erndte. Die Anzahl des kostbaren Zugviehs ist in der Dreifelderwirthschaft groß, die Scheffelzahl der Aussaat ist in keiner Wirthschaftsart so stark, als in dieser, und die Anzahl der Menschen muß wenigstens in der Erndte nicht geringer seyn, als in einem andern Wirthschaftssystem. Hiernach berechne man nun den Ertrag dieses Vorwerks:

Die Aussaat betrug — 1200 Schfl. Getreide
Die Unterhaltung der Wirthschaft, Pferdefutter, Drescherlohn und Deputat doppelt so viel 2400 — —

und also Ausgabe 3600 Schfl.

Gesetzt nun auch, daß im Durchschnitt vom Acker 5 bis 6 Körner gewonnen worden wären, so beträgt diese Summe 6 bis 7000 Schfl. und folglich bleiben etwa

3000

3000 Schfl. zum Verkauf. Davon soll nun das Pachtquantum à 4000 Rthlr. und die baare Ausgabe bestritten werden für Erndtekosten, Gesindelohn, Tagelohn und Abnutzung des Inventarii. Was bleibt also übrig für den Pächter, um seine eigenen Bedürfnisse und die Interessen seines angewandten Capitals sicher zu stellen? Ist es ein Wunder, wenn er bei allen Sorgen und Kümmernissen verarmt, wenn ihm nicht, wie es jetzt der Fall ist, ein hoher Preis des Getreides, oder außerordentliche fruchtbare Jahre zu statten kommen!

Bei weiten mehr noch verliert aber das gemeine Wesen bei der Betreibung der in ihrem Zuschnitt so unvollkommenen Dreifelderwirthschaft: Wenn man die große Production einer Wechselwirthschaft, die Anzahl Vieh, die Beschäftigung von Menschenhänden, und den innern Zusammenhang eines solchen Systems betrachtet, und dann seinen Blick auf jene schwarze Brache richtet, wo hungriges Vieh die unreinen Halme gierig sucht, wo der Tagelöhner nur in der Erndte seinen Verdienst findet, und wo also Vieh und Menschen Noth leiden, — dann gehört nur ein geringer Grad von Beurtheilung dazu, um die Fehler, die noch jetzt in unserm Vaterlande in landwirthschaftlicher Hinsicht begangen worden, einzusehen. Wenn die größten, schönsten Güter, die den Staat erhalten sollen, unter einer unvollkommenen Bewirthschaftung darnieder liegen, wie ist es dann möglich, die Wohlfahrt des Staats auf Ackerbau zu gründen!

 Zu

Zu verzeihen war es mir also wohl, wenn ich nicht der Weise der Väter blindlings folgte und beim Antritt meiner übernommenen Pachtung ernstlich nachdachte, ob wohl die eingeführte vaterländische Bewirthschaftung in drei Feldern noch einer Beibehaltung werth sey, oder ob andere Feldereintheilungen ihr den Vorzug streitig machten. Ich suchte mich also mit der Vielfelderwirthschaft vertrauter zu machen, und brachte zu diesem Behuf mehrere Zeit in Mecklenburg zu, besuchte dergleichen Wirthschaften in der Mark und Prigniz, und studirte die damals eben erscheinenden Preisschriften, und andere Abhandlungen über die Mecklenburgische Schlägewirthschaft. Ich fand, daß diese Wirthschaft vieler Modificationen fähig sey, und daß man also durch sie dem Bedürfniß seiner Localität weit näher kommen, und den Forderungen derselben weit vollkommener entsprechen könne, als durch die gewöhnliche orthodoxe Dreifelderwirthschaft, die dem Wirth schon im voraus sagt, was er thun, und dem Felde, was es tragen soll. Der Vortheil eine grössere Anzahl Vieh auf den Weideschlägen zu erhalten, und dabei wenig oder nichts am Getreide zu verlieren, oder wohl gar in dieser Hinsicht, bei steigender Wirthschaftsverbesserung, noch mehr zu gewinnen, war allerdings meiner Aufmerksamkeit werth. Diesen lezten Punkt hoffte ich besonders durch einen zweckmäßigen Futterkräuterbau und davon zu erstattende grössere Menge Mist zu bewirken. Die Mecklenburgische Schlagwirthschaft zeigte mir nehmlich ihre schwache Seite hauptsächlich dadurch, daß entweder das Weidefeld ganz der wilden Natur überlassen, oder Kleesaamen doch nur in die dritte Getreide-Tracht gesäet wird, wo die Düngung schon ganz aus dem Acker gesogen, und also keine Kraft für den Klee und das Weidegras übrig ist. Ich entschloß mich also, die Fesseln der Dreifelderwirthschaft abzuschütteln, jedoch auch nicht strenge die Fruchtfolge der alten Schlagwirthschaft nachzuahmen. Es ist ein Vorzug der Schlagwirthschaft, daß sie zu Modifikationen, die den Zwecken des Landbaus und den Bedürfnissen der Localität gemäß sind, weit geschickter ist, als die Dreifelderwirthschaft. Daher suchte ich eine solche Feldeintheilung und Fruchtfolge, die meinem Felde am meisten zu entsprechen schienen.. Die Zertheilung des Feldes in 7 Schläge, schien mir dazu am zweckmäßigsten, weil die Lage des Ackers sich zu dieser Eintheilung am besten qualificirte, indem mehrere Schläge anzubringen die Localität nicht verstattete. Die Rotation bestimmte ich auf folgende Weise:

1) Mistbrache
2) Weitzen
3) Gerste mit Klee
4) Klee zum einmaligen Mähen und zur Hütung, wenn die Brache gepflügt ist
5) Kleeweide bis Johanni, dann gebracht
6) Roggen
7) Haber.

Ich

Ich hatte es durch die Anordnung der Fruchtbestellung in meiner Wirthschaft so weit gebracht, daß ich einen Schlag jährlich vollkommen ausdüngen konnte, und es wurde mir nach und nach möglich, noch ein Viertheil der zweiten Brache jährlich mit Mist zu versehen; gleichwohl machte ich die Erfahrung, daß ich mich bei Erwartung eines guten Kleeheugewinnstes geirrt hatte. Selten konnte ich ihn zu mehr, als zur Weide benutzen. Wenn er sich auch im Frühling noch so schön begrünt hatte, so wuchs er doch nur sparsam, sobald er in die Blüthe treten wollte. Daher konnte nur auf den besten Flecken Kleeheu gemacht, und das andere mußte abgehütet werden. Ich that daher auf Stallfütterung gänzlich Verzicht, und befand mich gegentheils sehr wohl dabei, ihn vom Frühling an mit Schaafen und Kühen in der Folge abzuhüten, und nur einen kleinen Theil zu Kleeheu zu bestimmen. *)

Die Anzahl der Milchkühe konnte ich auf diese Weise nicht sehr vermehren; aber in Rücksicht der Schaafzucht hatte ich gegen die vorige Dreifelderwirthschaft sehr gewonnen. Kaum 600 Stück hatte der vorige Pächter halten können, allein durch meine gute Klee-

---

*) Herr Thaer sagt in seiner kritischen Beurtheilung der ersten Ausgabe dieser Schrift, welche in den erwähnten Annalen 4ten Jahrgangs 4ten Stücks enthalten ist, S. 361. „Gerade „so ist es, wie ich weiß, mehreren ergangen, die auf diese „Rotation, aber mit Stallfütterung verfallen sind.“

Kleeweide konnte ich auf dieser allein jährlich eine Anzahl von 1200 Stück Hammeln fett hüten lassen. Es ist wohl sehr einleuchtend, daß ich auf diese Art im Stande war, einen weit größern Flächeninhalt durch den Hordenschlag und Wintermist abzudüngen als vorher. Daher gewann ich mehr Getreide, und der reichere Strohgewinn setzte mich in die Verfassung, daß ich auch im Winter jene Anzahl von 1200 Stück recht gut durchfüttern, und hernach zur Fettweide bestimmen konnte.

In dem Betriebe dieser Wirthschaft machte ich einige absichtliche Versuche und zufällige Erfahrungen, die mir Veranlassung gegeben haben, den Plan derselben und besonders die Fruchtfolge umzuändern, und da sie die Möglichkeit und Nützlichkeit der von Herrn Thaer empfohlenen Wechselwirthschaft bestätigten, und mir die sichersten Data zur Einrichtung derselben auf meinem Vorwerk an die Hand gaben, so trug ich kein Bedenken, sie auf die Grundsätze derselben zu bauen. Auch habe ich andern Märkischen berühmten Landwirthen mehrere Winke und Mittheilungen von Erfahrung zu verdanken, die ich im Verfolg meiner Wirthschaft sorgfältig benutzen werde, indem sie ganz in dieses System passen, und laut für die Anwendbarkeit desselben sprechen, wenn man sich nur einigen Aufwand und Mühe nicht verdrießen lassen will. Meine Versuche und Erfahrungen hatten besonders folgende, die Einführbarkeit der Wechselwirthschaft bestätigende und vielleicht schon von vielen

vielen deutschen Wirthen gezogene Resultate zum Gegenstande:

1) Es ist äusserst vortheilhaft, um einen schweren Acker locker und für die Vegetation der folgenden Frucht empfänglich zu erhalten, wenn man denselben gleich nach der Erndte, ohne ihn viel zu behüten, umpflügen läßt. In Dreifelderwirthschaften können aber die meisten Wirthe die Weide auf der Stoppel nicht entbehren, und sehen sich also genöthigt, den Acker erst fest treten zu lassen.

2) Daß der Acker in zweckmäßiger Kultur ohne müßige Brache in der schönsten Tragbarkeit erhalten werden kann. Von dieser Wahrheit habe ich mich durch eine Menge von kleinen Erfahrungen überzeugt. Selbst auf todtem Flugsande bauen mehrere dergleichen Acker besitzende Hausleute auf dem Amte Chorin seit 20 Jahren, bei einer zweijährigen Düngung und bei einem Wechsel von Kartoffeln und Winterroggen die schönsten Früchte, und zwar nicht bloß Roggen im Stroh, sondern Roggen im Korn. Mehrere dergleichen Erfahrungen auf schwerem Boden, die vielleicht jeder Landwirth gemacht hat, könnten hier, wenn es nöthig wäre, ihren Platz finden. Daß aber bei der Dreifelderwirthschaft die reine Brache fast unentbehrlich ist, darüber habe ich mich bereits erklärt. Glücklich ist jeder Landwirth, der sich durch die Kenntniß der gehörigen Behandlung des Feldes von der Wahrheit überzeugt hat, daß die Brache besser benutzt werden kann,

wenn

wenn man nur Mist genug hat, und dem Acker durch Kultur die nöthige Lockerheit und Konsistenz wieder geben kann.

3) Den Anbau der Runkelrüben und Kartoffeln habe ich zum Gebrauch, als Viehfutter, als sehr vortheilhaft kennen gelernt. Letztere habe ich bei meiner jetzigen Wirthschaftsverfassung (die bei weitem noch nicht auf ihrem höchsten Punkt steht, wovon ich die Ursachen zum Theil in der Vorrede angegeben habe) doch in dem Maaße gebauet, daß ich in Verbindung von einigen verbessernden Schotenfrüchten, im vorigen Jahre 100 Stück Ochsen damit recht vollkommen ausgemästet habe, und in diesem Jahre 60 Stück damit ausmäste. Das Minus der Zahl in diesem Jahre rührt daher, weil eines theils die letztere Erndte dieser Früchte, nicht so ergiebig ausgefallen ist, und andern theils, so sind im verflossenen Herbste die Ochsen früher aufgestallt, und sollen im Frühjahr länger stehen, so daß die längere Dauer der Mastzeit die größere Zahl des vorigen Jahres ziemlich aufwiegt.

4) Von den vortheilhaften und den Acker nicht angreifenden, sondern vom auflaufenden Unkraut befreienden Anbau der Wicken zu Heu, habe ich mich durch eigne Erfahrung in schwerem Boden und gutem Sandboden, und durch die Erfahrung meiner wirthschaftlichen Nachbarn, zur Gnüge überzeugt. Ich gewann mehr, als ein Fuder Wickenheu auf dem Morgen, und habe es daher auf dem Amte Chorin im leichten

Boden,

Boden, und in Weselitz im strengen Lehmboden schon seit mehrern Jahren auf ansehnlichen Flächen gebaut, und es auch aus dem Grunde sehr zweckmäßig gefunden, weil die folgende Frucht, wenn die Wicken vor ihrer Reife gemähet wurden, auf Wickenacker eben so gut, als auf demjenigen, wo leere Brache gehalten worden war, und wo also das Unkraut in der Brache und im Getreide, welches darauf folgte, mehrere Gelegenheit hatte, sich wuchernd zu zeigen, als auf dem Wickenacker, wo es durch die die Oberfläche beziehenden Wicken im Entstehen unterdrückt worden war. Ich stimme also ganz in dieser Hinsicht den Erfahrungen bei, die Bergen, Arthur Young und Thaer im Anbau und dem Gebrauch des Wickenheus gemacht haben.

5) Auch den künstlichen Anbau mehrerer edler Grassorten habe ich seit mehrern Jahren betrieben. Ich habe zwar nur Thimothygras, französisches Raygras und Knaulgras gebaut. Die beiden ersten habe ich, jedes seinem besondern Endzwecke gemäß, in besondere Gunst genommen, und selbst das Thimothygras hat als Futter meinen Beifall, ob es gleich einige meiner Nachbarn als ein schlechtes Viehfutter betrachten. Das Knaulgras hingegen hat sich mir deswegen nicht empfohlen, weil das Heu sehr hart ist, und vom Vieh sehr ungern gefressen wird, wenn es anders hinlängliches Futter bekommen kann.

6) Ueber den Anbau des rothen Klees habe ich bereits gesagt, daß ich ihn gewöhnlich in die zweite

Getreide-

Getreidetracht nach Mist zu säen pflegte, und daher zwar eine gute Weide aber selten guten Mäheklee erhielt. Ich glaubte nun zwar, daß mein Feld, wenn es erst die Folgen der Dreifelderwirthschaft überstanden und mehr Mist empfangen haben würde, bessern Klee liefern werde, der auch in dieser Tracht sich zum Mähen nach und nach besser qualificiren würde; allein ich habe bereits den Versuch gemacht, ihn in die erste Tracht, also ins Wintergetreide zu säen, und da ich in diesen Fällen die schönsten Kleeerndten gehabt habe, so stimme ich auch hier, wie es auch die Natur der Sache lehrt, gern den Erfahrungen derjenigen bei, welche den Klee in die erste Tracht nach Mist anzusäen empfehlen. Die Ursachen hievon werde ich in der Folge zu entwickeln suchen.

7) Auch über die Bearbeitung der behackten Früchte in der sogenannten Brache habe ich in einem andern Abschnitte meine Meinung gesagt. Sie soll nicht durch Dienstleute und auch nicht durch Tagelöhner, sondern durch Leute im Verding geschehen, die auf einen Antheil der erbaueten Kartoffeln, und anderer Früchte, der jedoch in Gelde ihnen ausgezahlt wird, statt des Arbeitslohns gesetzt sind. Daß eine Tagelöhner-Familie sehr gut 10 Morgen Land in der Zeit, wo diese Leute gewöhnlich keine andere Arbeit und Verdienst haben, bearbeiten kann, habe ich auch an seinem Orte angezeigt.

8) Die außerordentliche Vermehrung und Verbesserung

besserung des Mistes durch solche erbauete Futterfrüchte, sehe ich bei meinen Mastochsen in Weselitz. Den Beweis der darauf sich gründenden bessern Getreideerndte wird mir hoffentlich jeder erlassen, der die Kraft des Mistes vom Mastvieh kennt.

9) Auch das wird mir jeder practische Landwirth zugeben, daß man unter diesen Umständen eine bessere und vortheilhaftere Race von Schaafen und Kühen einführen kann. Ich habe bereits durch meine vorige Wirthschaft dazu schon den Anfang machen können, und sehe mich in dieser Hinsicht in meinen Erwartungen nicht getäuscht. Die Race der Schaafe habe ich zwar in Weselitz noch nicht veredlen können, weil ich keine Zuchtschäferei dort habe, sondern mit Masthammeln wirthschafte. In Chorin aber ist schon seit mehrern Jahren eine veredelte Zuchtschäferei eingeführt. Ich kann jedoch darüber weiter nichts sagen, als das, was jeder Sachkundiger sagt, der zur Veredelung des Rindvieh- und Schaafviehstandes ermahnet, daß nehmlich solches Vieh nur dann die gewünschten Vortheile gewährt, wenn die Futterung ihrer edlern Herkunft entspricht.

10) Wasserrüben, welche nach abgebrachtem Frühflachse und auch in die Roggenstoppel gesäet wurden, gaben nicht allein einen ansehnlichen Futterzuschuß für das Vieh, wenn im Spätherbste die größten davon mit der Hand ausgezogen und nach Hause gefahren wurden, sondern die im Acker zurückgebliebenen kleinen gaben noch eine

eine ganz vorzügliche Schaafweide, und meine Schäfer muntern mich alljährlich auf, den einfachen Anbau dieser Frucht nach Möglichkeit auszudehnen. In mehrern Wintern sind die im Acker zurückgebliebenen Rüben gar nicht ausgefroren, sondern haben sich sehr gut erhalten, hatten auch im Frühjahr immer noch bessern Geschmack angenommen. Im Winter 180$\frac{2}{3}$ sind sie aber ohne Ausnahme ein Raub des Frostes geworden. Auch habe ich gefunden, daß nach ihnen der Hafer nicht fehlschlägt, sondern gegentheils sehr gut geräth und ganz vorzüglich an Güte im Korn gewinnt, besonders wenn er, wie es bei der obwaltenden Kultur recht gut möglich ist, früh gesäet wird. Seit drei Jahren hat der nach Rüben gewonnenen Hafer 60 bis 62 Pfund pro Berliner Scheffel gewogen.

11) Diese Erfahrungen und Versuche sind nun zwar nicht alle in dem Betriebe einer völlig eingerichteten Wechselwirthschaft gemacht, sondern theils in der in Chorin noch existirenden Dreifelderwirthschaft, deren Umänderung in eine fünffeldrige Wechselwirthschaft auch schon beschlossen war, wegen Pachtverhältnisse aber nicht ausgeführte werden konnte, und theils in meiner eigenen Siebenfelderwirthschaft in Weselitz, wo der Uebergang zur Wechselwirthschaft bereits geschehen ist, als einzelne Thatsachen von mir angezogen worden. Da sie aber ganz in das System einer Wechselwirthschaft einschlagen, und noch mehreres Gewicht durch die Beiträge meiner nachbarlichen Wirthe erhalten, die zum Theil auch wohl

vom

vom Gegentheil in der Methode abstrahirt sind, so denke ich wohl mit Sicherheit auf die Anordnung einer Wechselwirthschaft Schlüsse machen zu können. Ich sage mit Sicherheit, nehmlich in sofern als es die Natur der Sache und die Erfahrung der bekannten schon existirenden Wechselwirthschaften erlauben. Vielleicht, daß ich dadurch auch einigen andern Wirthen, denen bis jetzt die unbebauete Brache ein Anstoß war, Muth zur Abschaffung derselben einflößen kann. Ob jedoch meine Ueberzeugung auch für andere Märkische Wirthe einiges Gewicht habe, oder ob mich der Reiz der Neuheit und des Vortheils blendete, muß ich zum Theil der belehrenden Zeit überlassen; zum Theil rechne ich aber auch schon jetzt auf die gütige Zurechtweisung forschender und prüfender Freunde und Leser meiner Schrift. Nicht Alterthum, nicht Neuheit, sondern richtige Erfahrung wird mich vom Gegentheil überzeugen, und ich leugne es nicht, daß diese Absicht zu erreichen, mir die Hauptveranlassung zur öffentlichen Darlegung meiner Gedanken gab. In einzelnen Stücken kann ich irren, das ganze aber, als eine nichtige Täuschung aufzugeben, liegt jetzt noch außer dem Gebiete meiner Willensthätigkeit. Vielleicht wundert sich mancher Landwirth, der die Wechselwirthschaft nur dem Namen nach kannte, daß die Erfahrungen, deren Wahrheit ich hier voraussetze, ganz gemeine Dinge sind, und nichts weniger, als das Gepräge einer besondern Neuheit haben. Allein, diese mir als Wahrheit zugestanden, hoffe ich sowohl die Möglichkeit, als die

die Nützlichkeit der Wechselwirthschaft für die Mark darzuthun. Es bedarf in der That keiner neuen Gewächse aus Nordamerika, und keiner neuen Viehrace aus Arabien, um in Deutschland eine bessere Bewirthschaftung einzuführen. Wir brauchen auch keinen neuen Unterricht in der Oeconomie, wenn wir die alte recht verstehen; wir dürfen nur unsere sich auf den Anbau deutscher Gewächse beziehenden Erfahrungen und Kenntnisse in gewissen veränderten Formen auf unser Land anwenden, so haben wir die ganze Kunst. Die Grundsätze dazu werde ich im folgenden Abschnitt darzustellen mich bemühen.

II. Abschnitt.
Grundsätze der Wechselwirthschaft.

Die Grundsätze der Wechselwirthschaft beziehen sich auf die gänzliche Abschaffung der Brache, oder auf die Benutzung derselben ohne Nachtheil für den Zweck des Ackers; ja sie lehren sogar Mittel, auf die Abschaffung der Brache eine größere Fruchtbarkeit des Ackers zu begründen. Wenn ich bei meiner Siebenfelderwirthschaft einige Brache hielt, so verlor ich zwar nicht so viel Flächeninhalt, als der Dreifelderwirth; allein es war gleichwohl ein sehr beträchtlicher Theil meines Vorwerks. Diesen mir gleichsam eigen zu machen, ergriff ich die Wechselwirthschaft, die der Brache nicht bedarf, wie oben bereits angeführt ist.

Aber, wendet man ein, die Brache dienet sowohl zur Ruhe, als zur Reinigung und zur Vorbereitung des Ackers zur folgenden Getreidesaat und dem Vieh zur Weide, die demselben wegen des sich darauf erzeugenden jungen und frischen Grases vorzüglich gedeihlich ist. Wenn dem also ist, wenn Brache zugleich zur Weide und zur Reinigung des Feldes dienen soll, so kann sie zwar ein nothwendiges Uebel in der Dreifelderwirthschaft seyn, aber immer wird sie nur unvollkommen jeden dieser beiden Zwecke befriedigen, weil auch sie nicht zween Herrn dienen kann. Jedoch vorausgesetzt, daß diese Zwecke auch beide glücklich erreicht würden, so frägt es sich, ob wir nicht dieselben auch noch auf einem andern Wege eben so gut erreichen können?

Die Mecklenburger Schlägewirthschaft sucht den Zweck der Weide in eigenen Schlägen und gewiß mit weit glücklicherm Erfolge zu befriedigen, und der Flächeninhalt der eigentlichen Brache ist um die Hälfte kleiner, als in der Dreifelderwirthschaft. Niemand wird es wohl leugnen, daß der Mecklenburger in dieser Hinsicht seinen Zweck und die Erreichung desselben bestimmter vor Augen hat, als der Dreifelderwirth. Daher hat auch die Mecklenburger Schlägewirthschaft in ihren Grundlinien mit der Wechselwirthschaft viele Aehnlichkeit, in sofern ihr einerlei Anzahl von Schlägen zu Grunde liegt. Diese letztere unterscheidet sich aber wesentlich von der Schlägewirthschaft dadurch, daß die halmtragenden Getreidearten nicht nacheinander, sondern wenigstens so viel, als die Folgeordnung es verstattet in Futtergewächse eingeschaltet werden; auch dadurch, daß die Wechselwirthschaft keine Brache hält, und auf eine stärkere Fruchtbarkeit und Vegetation des Ackers berechnet ist, daß viele Futterkräuter gebaut werden, die Weide mit edlem Klee und Grassorten angesäet und nicht der wilden Natur überlassen wird. Die grössere Anzahl Vieh, der mehrere und bessere Dünger, der höhere Getreidegewinn und überhaupt die in ihr herrschende Industrie, die mehrere Beschäftigung der arbeitenden Menschen zu allen Jahreszeiten und der höhere Ertrag, den sie verschaft, könnten also ihr wohl den Namen der veredelten Vielfelderwirthschaft beilegen.

Die Grundsätze derselben sind, wenn man nicht eine bestimmte Modification derselben vor Augen hat, nur einer allgemeinen Bestimmung fähig, und dürfen keine individuellen Beziehungen auf einzelne Wechselwirthschaften, Fruchtfolgen und anzubauende Gewächse annehmen. Diese allgemeinen Grundsätze würden ohngefähr so lauten:

1) Ueberlaß keinen Theil deines Ackers der wilden Natur, sondern zeige ihm durch Saat und Pflanzung die Gewächse, die er hervorbringen soll.

2) Suche dein Feld in die stärkste Wirksamkeit der Vegetation zu setzen, um die möglichst größte Menge von Production zu gewinnen.

3) Bearbeite den Acker auf die möglichst vollkommenste Weise und spare keine Kosten, wenn es darauf ankommt, denselben in bessere Kultur zu setzen, und eine zweckmäßige Frucht anzubauen.

4) Suche den Acker besonders dadurch der Luftdüngung auszusetzen, daß du ihn vor Winters, und wo möglich, gleich nach der Erndte, in rauhe Oberfläche legst, den schweren Acker nehmlich durch den Pflug und den leichtern durch ein anderes Ackerinstrument,

ment, welches nur die oberste Erdschicht abschabt, aber nicht bis zur völligen Ackertiefe eingreift.

5) Die Reinigung des Ackers vom Unkraut muß hauptsächlich durch reinen Saamen, durch Bearbeitung des Ackers mit der Hacke, durch Umbrechung desselben vor Winters, und durch Gewächse geschehen, welche das Unkraut ersticken.

6) Suche den Acker zu der folgenden Frucht schon durch die vorhergehende vorzubereiten und laß also die Früchte so auf einander folgen, wie sie am besten unter sich harmoniren.

7) Baue so viel Futtergewächse und suche dadurch den Viehstand so zu verbessern, daß die verlornen Kräfte des Ackers nicht allein wieder ersetzt, sondern wo möglich noch erhöhet werden. Warte aber mit den Futtergewächsen nicht, bis der Acker schon durch Getreidetrachten entkräftet ist.

8) Richte dich in der Bearbeitung und dem Betriebe der Wirthschaft immer in der Art nach dem Local und Zeitumständen, daß der möglich höchste Ertrag von deinem Landgute zu gewärtigen ist.

Die allgemeinen aus der Natur der Wechselwirthschaft gezogenen Regeln, haben für den praktischen Wirth ohngefähr eben so viel Lehrreiches, als für die Juristen die Resultate des Naturrechts gegen die genauern Bestimmungen der auf eine gewiße Menschengattung und Provinz angewandten positiven Gesetzgebung. Wir wollen daher diese allgemeine Form der Wechselwirthschaft mehr auf unser jetziges Ackersystem und hauptsächlich auf die Bedürfniße der in der Mark gewöhnlichen Dreifelderwirthschaft anzuwenden suchen, und uns dabei diejenigen Modificationen der Wechselwirthschaft vor Augen stellen, welche jetzt von den größten Oeconomen zur Anwendung in Deutschland empfohlen werden.

Mangel an Weide, Mangel an Mist, Verschwendung des Ackers durch die Brache und Aussaugung desselben durch zwei hintereinander folgende halmtragende Getreidetrachten sind die Uebel, welche mit der Dreifelderwirthschaft gewissermaßen nothwendig verbunden sind. Selbst die Haltung der Brache ist mit wenig Ausnahme darinnen fast unumgänglich nothwendig, denn die Brache soll in der Dreifelderwirthschaft

1) das Land vom Unkraut reinigen,

2) zugleich aber auch Sommerweide für das Vieh verschaffen,

3) dem Boden eine solche Mischung und Haltung wieder geben, daß er zur folgenden Winterfrucht weder zu fest, noch zu locker ist.

4) Luft, Sonne und Regen sollen ihre wohlthätigen Einwirkungen dem Acker mittheilen und ihm einen Theil seiner verlornen Kräfte wieder ersetzen.

5) Der Wirth will durch sie einen freien Platz für seinen Hordenschlag erhalten, und Zeit zur gehörigen Bearbeitung und Düngung des Feldes gewinnen, so daß der Mist zu gehörigen Zeit vom Hofe gefahren,

gehörig

gehörig ausgebreitet und untergepflügt und das Land in eine wohlthätige Gährung gesetzt werden kann.

6) Das Land soll auf diese Art geschickt gemacht werden, wieder zwei Getreidetrachten hintereinander auszustehen, und gute Erndten sowohl im Stroh, als im Korne zu geben.

Da der Wechselwirth diese Brache nicht kennt, so muß er diese Zwecke derselben und also die Bedürfniße des Ackers auf eine andere eben so gute, oder noch vollkommenere Weise zu befriedigen wissen, und daraus ergeben sich folgende gleichsam positive Grundsätze und Regeln der Wechselwirthschaft:

1) der urbare Flächeninhalt eines Landguts wird nur zur Hälfte mit Getreide besäet. Da das Getreide eine halmtragende Frucht ist, deren reifer Saame erzielt wird, so saugt es eines theils den Acker sehr aus und giebt ihm andern theils auch nur den kraftlosesten Theil desselben, das Stroh, wieder zurück. Um dieser Erschöpfung des Ackers zu begegnen, muß die andere Hälfte des Landguts mit Gewächsen bestellt werden, die entweder nicht zur Saamenreife kommen, oder doch größtentheils wieder zu Viehfutter verwendet werden. Haber, Erbsen, und zum Theil auch andere Getreidearten werden zwar auch außerdem in der Dreifelderwirthschaft zu Pferdefutter angewendet, und wird dadurch einigermaßen das strohige Wesen des Mistes verbessert; allein diese Verbesserung kann der Dreifelderwirth gegen die Futtermasse, die in der

Wechsel-

Wechselwirthschaft auf einer ganzen Hälfte des Gutes gewonnen wird, fast gar nicht in Anschlag bringen. Die Kraft, welche dort der Acker fast einzig zur Production der Getreidekörner — die den größten Theil von Kraftaufwand der Vegetation verlangen — verwendet, wird dem Acker fast auf immer entzogen, und es kommt nur etwas weniges davon zurück. Aber in der Wechselwirthschaft trägt die ganze Hälfte des Landgutes Gewächse, welche zu nichts anders, als zu Sommer- und Winterfutter, zur Weide oder zur Stallfütterung bestimmt sind, und von den Getreidearten, die zu Pferdefutter geeignet sind, wird nach wie vor ein Theil zur Düngung dem Acker wieder gegeben, und daher ist wohl kein Zweifel, daß auf diese Weise der Acker in einen kraftvollern Zustand versetzt werden kann, als zuvor. Je leichter und ausgesogener die Wechselwirthschaft den Boden fand, desto mehr muß auf den Anbau der Futtergewächse gesehen werden. Wenn bei einem Landgute nur wenig oder keine Wiesen sind, so sind 4 bis $\frac{5}{8}$ nicht zu viel zu diesem Behufe. Eingezäunte Hütungsplätze sind aber nun nicht mehr nöthig und können also in der Wechselwirthschaft in urbares Land verwandelt und ein Jahr ums andere zu Getreide und Futterbau benutzt werden.

2) Die Wechselwirthschaft wendet ferner nicht erst die letzte Kraft des Ackers dazu an, um Viehfutter zu gewinnen, wie dies in der Mecklenburgischen

Schlag-

Schlagwirthschaft geschieht, sondern sie sieht die Futtergewächse als die Erhalter der Fruchtbarkeit an, und giebt ihnen also einen Platz in der Fruchtfolge, wo sie entweder in frischen Mist, oder gleich in die folgende Tracht nach der Düngung kommen. Sie betrachtet zwar den Anbau der Futtergewächse nicht als den Endzweck der Landwirthschaft, wie dies in der Hollsteinischen Koppelwirthschaft geschieht, aber doch als unumgängliches Mittel, um den Endzweck — den Anbau des Getreides — auf die erspriesslichste Art zu erreichen. Wo der Acker Mist bekommt, darf man wegen eines reichen Getreidegewinns nicht Sorge tragen. Es ist ihr also keinesweges der Vorwurf zu machen, als ob sie zum Nachtheil des Getreidebaus den Futterbau begünstige. Wenn der Dreifelderwirth erst zweimal Getreide vom Acker nimmt, und dann noch mit Klee oder einer andern Frucht kommt, so zieht diese die letzte Kraft aus, giebt aber wegen dieser Hintenansetzung wenig Futter, und folglich auch so wenig Mist, daß die verlorne Kraft damit unmöglich ersetzt werden kann. Daher ist bei ihm reine Brache, wenn er nicht Ueberfluß an wilden Wiesen hat, immer noch viel besser, als ein so beschaffener Futterbau in der Brache.

3) Die halmtragende Getreidefrüchte — (Weitzen, Roggen, Gerste und Haber) — und Futterfrüchte — (Wicken, Klee und edle Grassorten, Spörgel, Kartoffeln, weiße Rüben, Mohrrüben, Runkeln u. s. w.)

u. s. w.) müssen, wo möglich, in einem solchen Wechsel stehen, daß jene nie zwei Jahre unmittelbar auf einander folgen; sondern daß immer eine Futterfrucht dazwischen eingeschaltet wird. Ist aber ja eine Ausnahme nöthig, so kann sie noch am ersten beim Haber statt finden, weil dieser besonders in einem leichten und zugleich feuchten Boden noch unter gewissen Umständen geräth. Die Localität muß die Nothwendigkeit bestimmen, ob diese Ausnahme in einem neuen oder zwölfjährigen Wechsel einmal statt finden darf. Eben so können auch Erbsen, Wicken und Buchweitzen zwischen zwei halmtragenden Getreidearten eingeschaltet werden, auch dann, wenn sie zur Reife gelassen werden; indem nehmlich die Früchte den Acker in keiner so festen Konsistenz zurücklassen, daß man deshalb eine folgende Mißerndte im Getreide fürchten müßte. Die größte Kunst des Wechselwirths ist eine zweckmäßige Fruchtfolge und ein für sein Landgut wohlberechneter Fruchtwechsel. Dieser Vortheil zeichnet die Wechselwirthschaft hauptsächlich vor der orthodoxen Dreifelderwirthschaft und auch vor der gewöhnlichen Schlagwirthschaft aus, ungeachtet in der letztern auch mehrere Modificationen statt finden. Getreide auf Getreide zu säen, war wohl einer von den größten Fehlern, welche die Landwirthe begehen konnten. Er beruht auf der richtigen Meinung, daß der Getreidebau die Hauptnutzung der Landwirthschaft sey. Das Mittel, welches man aber dazu zu gelangen wählte,

Ueber-

Uebertreibung der Aussaat desselben, war eben so falsch, als der Wahn, daß man in einer Wirthschaft viel Nutzvieh halten müsse, um dasselbe hoch zu nutzen. Den Vortheil des Wechsels oder die Art und Weise, wie die Tragbarkeit des Ackers durch den Wechsel gewinnt, wollen wir keinesweges auf den Grundsatz der Naturlehre gründen, daß eine Frucht andere Theile zum Nahrungsstoffe bedürfe, als eine andere, und daß also die homogenen Getreidefrüchte in der Art dieses Nahrungsstoffes zu sehr in Kollision kämen, als daß eine auf die andere gesäet, gute Erndten liefern könnte. Wir wollen diesen Satz als wahr oder falsch dahin gestellt seyn lassen, und bloß bei der Erfahrung bleiben, die uns häufig genug lehrt, daß Getreidearten, die gleich hinter einander gesäet werden, nicht zum zweitenmale gerathen. Man säe nur Weitzen auf Weitzen; der Erfolg wird mißlingen; aber man schalte Erbsen oder Wicken ein, und der Weitzen wird nach ihnen besser, als vorher gerathen, ungeachtet der Acker nicht wieder gedüngt worden ist. Die Ursache liege, worin sie wolle, genug sie ist richtig und jeder Wirth wird sich durch mehrere Beispiele davon überzeugen. Warum hätte sonst auch wohl der Landwirth die gewöhnliche Fruchtfolge in der Dreifelderwirthschaft gewählt, wenn er Weitzen auf Weitzen eben so gut bauen könnte, als Gerste auf Weitzen? Warum schaltete er die Brache ein? Warum geräth eine Frucht oft so vortrefflich auf eine andere,

andere, während daß eine dritte auf jene, unter gleichen Umständen gesäet, mißräth? Man sieht hieraus, daß es nicht bloß auf die Nahrungstheile ankommt, welche im Boden sind, sondern daß noch andere Ursachen des Gedeihens einwirken müssen, und dahin gehört gewiß auch ein wohlgeordneter Wechsel. Die eine Frucht hinterläßt das Gewebe des Bodens in einem lockern, die andere in einem konsistenten Zustand. Die eine macht es möglich, daß der Boden vor Winters umgepflügt und in rauher Oberfläche den Einwirkungen der Atmosphäre überlassen werden kann, die andere nicht. Die eine verschließt den Boden gegen die Eindrücke des Lichts und der Luft, während die andere alle Zuflüsse derselben verstattet. Die eine läßt das Unkraut wuchern und es zur Reife kommen, die andere erstickt es im Entstehen. Die eine läßt zu dieser Zeit den Acker pflügen und düngen, die andere zu jener, und dadurch entstehen solche Vortheile für den Wirth, die er nur zweckmäßig kennen lernen und benutzen darf, um sie sich zuzueignen. Dazu bietet ihm der Wechsel der Früchte die erste und beste Gelegenheit dar. Die häufigen Mißerndten im Sommerkorn sind ein deutlicher Beweis, daß Getreide auf Getreide keine günstige Fruchtfolge ist.

4) In denjenigen Schlägen, in welchen sich der Erfahrung nach das meiste Unkraut erzeugt, wird nicht halmtragendes Getreide, sondern eine andere Frucht, wenn es die Beschaffenheit des Bodens und die

die auf demselben vortheilhafteste Fruchtfolge erlaubt, gebauet, welche entweder der Hacke zur Bearbeitung bedarf, oder durch ihren mächtigen Wuchs und dichtes Laub das Unkraut erstickt, oder die zu einer Zeit abgemähet oder abgeweidet wird, ehe das aufgegangene einjährige Unkraut seinen Saamen zur Reife gebracht hat. Halmtragendes Getreide entspricht, wenn es breitwürfig gesäet wird, diesen Endzwecken nicht, weil das Unkraut sich mit demselben sehr wohl verträgt; oft wohl gar die Ueberhand bekommt und auf alle Fälle eben so reifen Saamen erzielt, als das Getreide selbst. Aus diesem Grunde darf es nicht in einen frisch gedüngten Schlag gesäet werden, wo der Erfahrung nach der Unkrautsaame, welcher im Acker war, oder mit dem Miste dahin gekommen ist, am häufigsten auskeimt. Dieses im Keim zu ersticken, qualificiren sich behackte Früchte aller Art, Erbsen und Wicken, und besonders letztere, wenn sie vor der Reife abgemäht und zur Stallfütterung oder zu Heu verwendet werden, sehr vortrefflich. Nur dann, wenn ein allzuleichter Boden dem Anbau dieser beiden Früchte gänzlich entgegen ist, lehrt es die Noth, in frischen Mist Getreide zu säen; jedoch ist es in solchem Boden auch unschädlicher, weil dieser nicht so oft gedüngt werden kann, als ein besserer Boden, der mehrere Futtergewächse erzeugt. Ueberdies muß die stärkste Düngung den behackten Früchten zu Gute kommen, durch deren Kultur das sich eingefundene

Unkraut

Unkraut vertilgt werden kann. Die behackten Früchte müssen nicht dicht, sondern so weitläuftig als möglich und zwar in Reihen stehen, damit eine leichte, öftere und accuratere Behackung statt finden und so das Unkraut ausgerottet werden kann. Alle Kraft, welche dieses Unkraut in einer andern Wirthschaftseinrichtung ausgesogen haben würde, kommt den edlen Früchten zu gute und ist also reiner Gewinn der Wechselwirthschaft.

5) Alle Schläge, die im Frühling besäet oder bepflanzt werden sollen, müssen vor Winters umgerissen werden, und auch wohl, wenn es der Düngung wegen, möglich ist, in rauher Oberfläche und also ungeegt bis zum Frühjahre liegen bleiben. Den Nutzen dieser Arbeit zur Auflockerung des Bodens, zur Ausrottung der Unkrautwurzeln, und zur Empfänglichkeit für die Einwirkungen des Dunstkreises, wird wohl so leicht kein Oeconom bestreiten; und eben so wenig die Möglichkeit, weil für Weide oder Viehfutter in einigen dazu bestimmten Schlägen gesorgt ist. Wenn der Acker dieser Winterbrache genießt, so entbehrt er gewiß gern die Sommerbrache, weil die Auflockerung und Reinigung vom Unkraute dadurch bewirkt wird. Leichter Boden würde aber durch diese Behandlung zu leicht und lose werden, und daher macht dieser eine Ausnahme. Dieser Boden darf nur alsdann vor Winters umgepflügt werden, wenn der Wirth es in diesem oder jenem

Falle

Falle für nöthig hält. Allein auch dieser Boden soll, zum Behuf der Reinigung vom Unkraut, und zur Empfänglichkeit für die wohlthätigen Einflüsse der Atmosphäre, in der Wechselwirthschaft nicht zu kurz kommen. Man hat ein Ackerinstrument, welches vom Herrn Thaer in Vorschlag gebracht worden, und zum Theil in England, zum Theil schon in Deutschland und selbst in der Mark im Gebrauche ist, und Exstirpator genannt wird. Mit diesem Ackerwerkzeuge kann, wenn der Boden nicht zu steinigt und uneben ist, auf eine sehr leichte Weise die Oberfläche desselben auf beliebige Tiefe so abgeschabt werden, daß dadurch die Keime des Unkrauts etwa auf einen Zoll tief abgeschnitten werden. Da zugleich die oberste Krume der Erde umgerührt wird, so kann die Luft hinlänglich auf dieselbe einwirken. In beiden Fällen aber, die Aufreißung geschehe durch den Pflug, oder den Exstirpator, ist es desto besser, je früher nach der Erndte sie geschiehet. Auf die Stoppelweide rechnet der Wechselwirth wenig, und daher pflügt er seinen Acker, wenn er noch am lockersten ist, gleich nach der Harke um. Dieses erwähnte Ackerinstrument ist sehr vortheilhaft, gehört aber gleichwohl nicht nothwendig zur Betreibung der Wechselwirthschaft auf Sandboden.

6) In diesem Feldsystem wird kein Schlag, und wo möglich kein einziger Acker ein ganzes Jahr hindurch der wilden Natur überlassen, sondern der

Mangel an Weide und Sommerfütterung wird durch Ansäung von rothen oder weißen Klee und von edlen Gräsern in einem oder mehrern Schlägen, gehoben; und dasjenige auf eine frühere und vollkommnere Weise bewerkstelliget, was in der Dreifelderwirthschaft, in welcher die Hervorbringung der Weide dem Unkrautsaamen überlassen wird, nur spärlich und spät erfolgt. *) Der Boden müßte von selbst sehr zum Graswuchs geneigt seyn, wenn wilde Weide gleich im ersten Jahre nur die Hälfte so viel Grasung

---

*) Ueber den Nutzen und Anbau der Gräser, ein mehreres zu lesen, verweise ich den Unkundigen der Botanik auf die in Commission der Naukschen Buchhandlung in Berlin herausgekommene

„Beschreibung der vorzüglichsten Wiesen- und Weide-Gräser, und Anweisung, wie man Saamen derselben, um sich den nöthigen Vorrath davon selbst zu verschaffen, selbst einsammeln kann, und was bei der Aussaat desselben beobachtet werden muß, um den Gras- und Heu-Ertrag der Wiesen, Koppeln und Weideplätze, nach zuverlässigen Erfahrungen, um das dreifache zu erhöhen, nebst einem Herbarium vivum, worin von jeder dieser Grasarten zur Beförderung einer genauen anschaulichen Kenntniß derselben, ein aufgetrocknetes Exemplar enthalten ist."

Ferner auf das

„Grasbüchlein oder Anweisung die schädlichsten und nützlichsten inländischen Gräser kennen; jene ausrotten und vermindern, diese vermehren und anbauen zu lernen, um Ackerbau und Viehzucht ertragbarer zu machen, für Landschullehrer und Bauersleute, mit 16 Kupfern, v. M. Joh. Gottl. Maucke. Leipzig bei Jacobäer. 1801."

Grasung gewähren sollte, als ein künstlicher Weideschlag, der in der ersten Tracht nach der Düngung angesäet wird. Daher ist man in Koppelwirthschaften, wo Klee und Gräser nicht angesäet werden, bei der wilden Weide genöthiget, von den Binnenschlägen wohl die Hälfte und von den Aussenschlägen wohl $\frac{2}{3}$ zur Weide zu bestimmen; und gleichwohl ist man nicht im Stande, so vieles Vieh darauf zu erhalten, als auf einem oder zwei Schlägen in der Wechselwirthschaft, weil dort der Acker durch zu viel Getreidetrachten nach einander schon gänzlich erschöpft war, und seiner geringen Vegetation wegen wenig Futter und Düngung verschaffen konnte, selbst wenn die Weideschläge besaamet waren, und ihr ein überaus reicher Boden nicht zu Gute kam.

7) Die Anzahl der Schläge, welche man in der Wechselwirthschaft etabliren will, sollte sich zwar immer nach der für die Localität zweckmäßigen Fruchtfolge richten. Allein die vorige Eintheilung des Feldes und die Beschaffenheit der Localität machen es oft nöthig, daß eine andere Schlagordnung einzuführen und darnach die Fruchtfolge zu bestimmen ist. Die Größe eines Landguts, die Verschiedenheit des Bodens unter sich, die Entfernung und die Lage der Wirthschaftsgebäude, das zu haltende Vieh, der natürliche Wiesewachs u. d. gl., können auch auf die Zahl derselben Einfluß haben, oder wohl gar eine doppelte Schlagordnung nöthig machen. Wenn wilde

Wiesen

Wiesen, oder noch unkultivirte Ländereien, Weidetriften, und Hütungskoppeln, vorhanden sind, welche urbar gemacht werden können, so ist es den Einsichten des Wirths ebenfalls zu überlassen, ob dieselben nicht, wie es wohl gewöhnlich der Fall seyn mögte, ins Gebiet des urbaren Feldes zu ziehen, und daselbst durch einen auf ihnen ebenfalls vorzunehmenden Wechsel höher benutzt werden können, als bisher, da sie blos dem Grasbau der wilden Natur überlassen waren. In einer schon eingerichteten Mecklenburgischen Schlagwirthschaft kann wohl in den meisten Fällen die alte Eintheilung des Feldes beibehalten und für dieselbe eine zweckmäßige Wechselfolge ausfindig gemacht werden. In der Dreifelderwirthschaft ist aber immer eine Zergliederung nothwendig, und damit diese desto leichter geschehen könne, so ist wohl die Eintheilung in 9 Schläge am besten zu empfehlen, weil diese leicht möglich und der Fruchtfolge angemessen ist. Diese kann immer nach vollkommenern Principien geschehen, als bei 6 Schlägen, und die Uebersicht wird nicht so schwer seyn, als bei 12 Schlägen, obgleich beide auch unter Umständen eintreten können. Die neunschlägige Wirthschaft finde ich aber aus folgenden Gründen der Fruchtfolge sehr angemessen, weil man dann einer jeden der vier Hauptgetreidearten, Weitzen, Roggen, Gerste und Haber, einen besondern Schlag anweisen kann, und dann noch fünf Schläge zu Futtergewächsen, Erbsen und Wicken übrig behält,

die

die nach Beschaffenheit des Bodens einrangirt werden. Dieser Zweckmäßigkeit wegen habe ich auch diese Eintheilung den folgenden Berechnungen zum Grunde gelegt, weil ich glaube, daß sie am leichtetesten in den Dreifelderwirthschaften der Mark Anwendung finden kann. *)

8) Eben so wird der Düngungszustand verschieden seyn, je nachdem mehr oder weniger Schläge mit Futtergewächsen angebauet und bearbeitet werden; aber auch die Ergiebigkeit des Bodens und selbst die Jahre werden einen Unterschied in der reichern Düngermasse bewirken. In einem leichten und schlechten Boden werden $\frac{3}{9}$ des Feldes mit Futterfrüchten und in einem von Natur bessern Boden werden $\frac{4}{9}$ damit bestellt werden müssen. Von den in solchen Wirthschaften gewonnenen Producten wird man eine solche Quantität an Düngungsmaterialien sich verschaffen können, daß damit wenigstens zwei Schläge in einer neunjährigen Circulation jährlich ausgedüngt werden können. Auf besser gegründeten Landgütern aber, wo der Boden an Futtergewächsen ergiebiger ist, werden füglich drei Schläge alljährlich unter Düngung gesetzt werden können, und der Reich-

*) Herr Thaer sagt in seiner kritischen Beurtheilung: „Sehr „richtig! und da sie auch fast in allen Fällen zweckmäßig ist, so „rathe ich jetzt, bei dem Uebergange aus der Dreifelderwirth„schaft fast immer zu dieser.“

Reichthum des vorigen Jahres muß es hauptsächlich bestimmen, ob die Düngung stärker oder schwächer vertheilt werden kann. Die passendste Zeit, wenn der Mist auf den Acker gebracht wird, ist der Winter, der Frühling und der Herbst. Damit der Winter so viel als möglich zu diesem Geschäfte benutzt werden könne, so muß der Schaafstall alle Monate einmal ausgemistet und auf dem Rindviehmiste ausgebreitet und hernach mit demselben aufs Feld gefahren werden. Auch der Pferde-, und wo möglich auch der Schweinemist sollten zu dieser Mischung gebracht und dadurch eine gleichförmige Düngermasse bewirkt werden. Hauptsächlich muß aber diese Veranstaltung deshalb getroffen werden, damit der Schaafmist auf dem Hofe gehörig angefeuchtet werden, verrotten und noch im Winter oder höchstens im Frühlinge aufs Feld gefahren werden könne. Der Vorwurf, den man der Wechselwirthschaft aus dem Grunde machen könnte, daß man nicht Zeit genug habe, den Mist aus dem Hofe zu bringen, trifft also nicht das Wirthschaftssystem, sondern allenfalls nur den trägen Wirth. Nur der Sommermist bleibt so lange auf dem Hofe, bis der Herbst wieder offne Felder darbietet. Da aber zu Winterfrüchten nicht gedüngt wird, so ist die Zeit des Herbstes hauptsächlich der Pflugarbeit, und die Zeit des Winters hauptsächlich dem Mistfahren und Mistbreiten zu widmen. Der Hordenschlag wird die meiste Zeit des

Sommers auch einen offenen Platz finden. Es könnte jedoch der Fall eintreten, daß keiner dazu vorhanden wäre, wenn in der Mitte des Sommers alles mit Früchten besetzt ist. Ein einsichtsvoller Wirth kann aber zu diesem Behufe schon Rath schaffen. Uebrigens muß der Mist so vertheilt werden, daß derjenige Schlag, welcher zu behackten Früchten gewidmet ist, die stärkste Düngung bekommt, weil diese die meiste Kraft verlangen, und um so mehr begünstiget werden müssen, da ihre Kultur die meisten Kosten an Arbeitslohn verursacht, und keine Frucht so sehr dazu geeignet ist, den auf sie verwendeten Dünger so schnell und reichlich wieder zu erstatten, vorausgesetzt, daß diese verfuttert und nicht verkauft werden. Nächstdem folgt derjenige Schlag, der in der ersten Tracht nach frischem Mist Weitzen tragen soll, und endlich der, der zu Roggen bestimmt ist, und im Fall des Mangels, auch mit halber Düngung vorlieb nehmen muß, und wo auch diese nicht vorhanden ist, muß der Plan der Fruchtfolge geändert werden, insofern der Acker nicht von der Beschaffenheit ist, daß er auch ausserdem noch eine gute Roggenerndte erwarten läßt.

9) Solche Wirthschaften, welche viele wilde Weide und Wiesen haben, und auf diese Weise schon eine, nicht auf Rechnung des Ackers, sondern nur zu seinem Besten kommende Menge Mist sich verschaffen können, thun wohl, wenn sie einen Schlag

 zum

zum Anbau von Handelskräutern anwenden, z. E. Taback, Rübsen, Flachs, Färbekräuter, Kohl und dergleichen zum Verkauf. Wenn der Bau dieser Früchte der Localität und den Kräften des Ackers angemessen ist, so paßt er recht gut in eine Wechselwirthschaft. Sobald aber nicht so viel Producte gewonnen werden, daß ⅓ des Feldes gehörig ausgedüngt werden kann, so ist der Anbau solcher Handelsgewächse, wenigstens in beträchtlicher Menge, völlig zu verwerfen, wenn auch die Zeitverhältnisse vielen Vortheil, in Hinsicht des reinen Ertrags versprächen, weil der Acker dabei zu kurz kommt. Falsch ist auch die Idee einiger Wirthe, daß die Dreifelderwirthschaft an solchen Orten besser angebracht sey, wo wilde Weiden und Wiesen in Menge sind, und durch dieselben die ganze Brache ausgedüngt und wohl zur Hälfte mit Handleskräutern angebauet werden könne. Zu entschuldigen ist dann die Dreifelderwirthschaft eher, besonders für den Pächter, aber doch auch auf solchen Gütern bei weitem noch nicht die beste Wirthschaftsart. Der viele Dünger läßt zwar die Mängel derselben nicht so eclatant werden, allein sie entbehrt alle die Vortheile die der Wechsel der Früchte darbietet; das Unkraut wird sie nie vertilgen, die zweite Getreidetracht wird nie so dankbar seyn, und selbst die erste nach der Brache wird oft mißrathen, weil das Wintergetreide nach behackten Früchten, ausser Toback, selten

selten von der erwünschten Beschaffenheit ist. Auch würde man häufig die wilden Weideplätze oder Hütungskoppeln in urbares Land verwandeln können, und durch Fruchtwechsel und Düngung dasselbe höher nutzen, als bei ewiger Bestimmung zur Weide.

10) Die Arbeiten, welche zu behackten Früchten nöthig sind, müssen nicht durch Tagelöhner und noch weniger durch Dienstleute geschehen, sondern durch Leute, die auf Verding gesetzt sind, und die Zeit zur Arbeit wählen können, wenn sie wollen. Sie nehmen dann Kinder und alte Leute, die sie etwa bei sich haben, zu Gehülfen mit, arbeiten fleißig und gut und benutzen jede Stunde, die bei Tagelöhnern, als solchen, ungenutzt vorüber gegangen wäre. Man kann im Durchschnitt füglich auf jede Familie 10 Morgen Land rechnen. Doch auch hievon an einem andern Orte ein Mehreres. Die Menschenmenge der Localität muß dann bestimmen, wieviel Schläge man mit behackten Brachfrüchten anbauen will, und ob man dazu noch der englischen von Herrn Thaer empfohlenen Ackerwerkzeuge, z. E. der Pferdehacke, als wodurch die Arbeit erleichtert wird, nöthig hat. Vors erste wird in einer neunfeldrigen Wirthschaft ein Schlag genug Arbeit geben, aber diese kann auch recht gut mit derjenigen Anzahl von Menschen geschehen, die man bis jetzt zur Erndte nöthig gehabt hat, besonders wenn

man

man sich dazu der eben erwähnten Ackerwerkzeuge bedient. *)

11) Stallfütterung im Sommer ist nicht eigentlich eine Eigenschaft, die zu dem Character der Wechselwirthschaft gehört. Es leidet zwar keinen Zweifel, daß dieselbe in keinem Feldsystem leichter möglich ist, als in diesem; allein da wir, ausser Herrn Thaer, **) vors erste in der Mark sie noch nicht

*) Herr Thaer sagt in seiner kritischen Beurtheilung S. 365. „Die „gehörigen Pferdehacken-Instrumente, die äusserst wenig kost„spielig und leicht zu handhaben sind, setzen die Kosten, nicht „bloß nach meinen, sondern nach den jetzt bestehenden Erfahrun„gen, auf behackten Fruchtschlägen von 200 bis 300 Morgen — „selbst wo der Arbeitspreis nicht theuer war — um 90 pro Cent „herab, und machen die Arbeit besser, als sie mit der Hand ge„schehen kann. Nur die Erndte dieser Gewächse ist, wo möglich, „zu verdingen." Ich gestehe, daß ich mich erst nach der Zeit von den ausserordentlichen Vortheilen, welche diese Instrumente gewähren, überzeugt habe. Ich habe dergleichen Instrumente in Berlin verfertigen und einen Theil meiner behackten Früchte damit bearbeiten lassen. Der Erfolg hat mich belehrt, daß die Erndte der Kartoffeln, welche mit diesen Werkzeugen bearbeitet waren, das 10te Korn, hingegen die, welche bloß mit Menschenhänden sehr gut bearbeitet waren, nur das 9te Korn geben. — Ich pflichte also Hrn. Thaer völlig bei und bitte den geneigten Leser, nach dieser Bemerkung das zu berichtigen, was ich in der Folge von der Bearbeitung der behackten Früchte sage. Die Fruchtwechselwirthschaft erscheint dadurch in einem neuen höchst vortheilhaften Lichte.

**) Ich verweise daher den Wißbegierigen sowohl auf die Resultate der Thaerschen Unternehmung, als auch auf nachbenahmte Schrift meines Hochverehrten Gönners:

„Ueber

nicht mit der Wechselwirthschaft verbinden werden, so schweige ich davon. Ich hätte auch unter dieser Rubrick noch von den Früchten, welche in der Wechselwirthschaft gebauet werden müßen, ein Mehreres sagen sollen; da ich aber in der Folge öfter davon sprechen muß, so übergehe ich hier die sich darauf beziehenden Grundsätze, und schließe diesen Abschnitt mit der Hoffnung, daß wir dann, wenn wir dieses Wirthschaftssystem durch mehrere Erfahrung besser haben kennen lernen, auch die Grundsätze desselben in einem vollkommnern Gewande, als es hier geschehen konnte, werden darstellen können. Ich begnüge mich, das Wesentliche hier beigebracht zu haben, und dies besteht, um es kurz zu wiederholen, darin: Kein Theil des Feldes liegt in schwarzer Brache, sondern alle Theile desselben sind in tragbarem Zustande. Die Hälfte des Feldes, oder doch fast die Hälfte, wird aber einzig und allein dem Futterbau gewidmet. Klee, edle Grassorten, Spörgel oder Rapssaat, (als Hütung) im Verding gebaute Kartoffeln, Runkelrüben, Mohrrüben und Turnips zur Fütterung nach der Weidezeit und Wicken, zu Heu oder grün abzufuttern, werden in regelmäßiger Abwechselung

„Ueber die Wechselwirthschaft und deren Verbindung mit der Stallfütterung des Nutz- und Arbeitsviehes, als Fortsetzung oder Commentar des Karbschen Werks rc. von Friedrich Herzog zu Schleßwig-Holstein-Beck. Leipzig. 1803."

wechselung mit Getreide gebaut. Dadurch wird eine große Viehzucht und Mastung erzielt, und eine Menge Dünger, der nothwendigerweise den wohlthätigsten Einfluß auf reiche Getreideerndten haben wird, da er allein die Basis des ganzen Ackerbaus ist.

III. Abschnitt.

Fruchtfolge in der Wechselwirthschaft, und insbesondere auf gutem Boden.

Da die allgemeinen Grundsätze des Wechselsystems nach Localitäten und Verhältnissen auf sehr verschiedenartige Weise angewendet werden können, so wird die allgemeine Form der Wechselwirthschaft die Mutter von unendlich vielen verschieden gestalteten Töchtern, die alle unter sich in den wesentlichen Eigenschaften übereinkommen, aber in individuellen Beschaffenheiten doch von einander sehr merklich abweichen können. Der beste Wechselwirth, wenn er uns seine eingeführte Wirthschaft schildert, die Zahl seiner Koppeln, die Früchte, die gebaut werden; — die Folge derselben in der bestimmten oder unbestimmten Circulation, u. s. w., zeigt uns dadurch diejenige Modification der Wechselwirthschaft, die er auf seinem Gute für die zweckmäßigste hält; er legt die Grundsätze dar, in so fern ihre Anwendung auf seine Localität, seinen Einsichten nach, zu passen schien. Er machte den Zuschnitt seiner Wirthschaft nach dem Original, das er sich davon als Ideal entworfen hatte; ob er aber dasselbe richtig aufge-

aufgefasset und kopiret hatte, ob der Standpunct, von welchem er das Urbild erblickte, ein günstiges Licht auf dasselbe warf, und ob sein Auge scharf genug organisirt war, das ist bei einem Schlusse von der Kopie auf das Original eine sehr wichtige Instanz. Letzteres kann untadelhaft seyn, und ersteres ist vielleicht ein elender Schattenriß. Die Grundsätze können eine fehlerhafte Anwendung und Ausführung erleiden, sie können auch einzeln betrachtet ohne Tadel auf die Wirthschaft übergetragen seyn; aber in der Verbindung derselben zu einem Ganzen ist der Zusammenhang übersehen und sind Fehler auf Fehler gehäuft worden. Aber daran ist das System eben so unschuldig, als die Form der Mode, wenn der Meister das Kleid im Zuschnitt verdarb, eben so unschuldig, als der Thon, wenn der Pfuscher eine Ungestalt daraus drehte.

Ist aber darum die Dreifelderwirthschaft besser, weil der Wirth nur eins, zwei, drei sagen darf, um ihre Form zu kennen und nachzuahmen? Schwerlich wird die elegante Welt mit dem Rath des Kleidermachers zufrieden seyn, wenn er die alte Mode vorzieht, weil der Zuschnitt in jener leichter zu treffen sey! Welcher Töpferthon wird wohl Vorzüge haben, der, der sich nach der Idee des Meisters biegen und drehen läßt, oder der, der den Willen und die Idee des Formers bestimmt? Ohne Zweifel wird jener in den Augen des Künstlers mehr Werth haben, wenn gleich der Pfuscher auch Ungestalten daraus drehen kann.

Darum,

Darum, weil die Wechselwirthschaft so biegsam ist, und nach den Umständen und Ortsverhältnissen eine Form annimmt, die der Einsichtsvolle für die angemessenste hält, eben darum schätzt sie der Kenner und der Freund der Perfektibilität. Wer aber das Immerbesser nicht kennt, mag Winterkorn, Sommerkorn, Brache halten.

Durch einen guten Wirth, dies bleibt zwar immer wahr, können, wenn Local und Zeitverhältnisse ihn begünstigen, die Grundsätze der Dreifelderwirthschaft verbessert und zum Theil ins Dunkel gehüllt und versteckt werden; und eben so gut kann der Mißbrauch der schönsten Grundsätze in individueller Anwendung unsere Wechselwirthschaft verstellen und lächerlich machen. Allein wer loben will, der lobe den guten Wirth, und wer tadeln will, der tadle den Mißbrauch und die fehlerhafte Anwendung; er tadle den Schneider und nicht die Mode.

Um die Regeln einer wohlgeordneten Fruchtfolge, deren Beurtheilung ich meinen denkenden Lesern überlasse, näher zu entwickeln, sehe ich mich genöthiget, einige Formulare von Fruchtfolgen in einer bestimmten Zirkulation zu entwerfen, und sie gleichsam als Modelle der in der Mark möglichen Wechselwirthschaft aufzustellen. Ich setze dabei keine englischen Ackerwerkzeuge, keine englischen Früchte, keine englischen Viehraçen, kein englisches Klima oder Ackerland von besonderer Güte, das England auch nur in wenigen Districten aufzuweisen hat, voraus,

voraus, sondern alles soll deutscher Stoff, und nur der Zuschnitt und die äußere Form soll etwas englisches an sich haben. Es würde Pedanterei, oder wenigstens den bei der Dreifelderwirthschaft gerügten Fehler der Orthodoxie verrathen, wenn ich, ohne den Augenschein der besondern Localität, meine Formulare Jemanden empfehlen oder wohl gar aufdringen wollte. Solche Recepte passen für jede andere Wirthschaftsart, nur nicht für die Wechselwirthschaft. Leugnen kann ich es zwar nicht, daß mir die Fruchtfolge, welche ich sogleich entwickeln werde, unter gewissen Umständen vorzüglich der Anwendung werth scheint, allein deshalb führe ich sie hier nicht an, sondern bloß um meinen noch unvorbereiteten Lesern einen Leitfaden zu geben, wie sie nach ihren Verhältnissen und Einsichten sich selbst eine Fruchtfolge entwerfen mögen.

Meiner unmaßgeblichen Meinung nach ist eine neunjährige Zirkulation der Fruchtfolge, und folglich eine neunschlägige Wirthschaft, die passendste für die Dreifelderwirthschaft der Mark. Der Uebergang von dieser zu jener ist leicht, weil jeder Wirthschaftsverwalter ohne Messung jedes Feld in drei ziemlich gleiche Theile oder Schläge abzutheilen weiß. Und die Fruchtfolge kann darin so vollkommen, als es möglich ist, angeordnet werden. Koppeln und Umzäunungen, Gräben und Wälle brauchen wir nicht, wie in der Hollsteinischen Koppelwirthschaft, anzulegen, wenn wir nicht Flugsand durch sie hemmen, oder Wasser ableiten wollen. Daher kann die Abtheilung ganz ohne Anstand und ohne Aufwand

von

von dem Wirthe erst auf dem Papiere und dann auf dem Felde geschehen. Die Hauptsache, welche er hiebei zu überlegen hat, ist die, daß kein Schlag durch den, oder die andern eingeschlossen, oder einer freien Bewirthschaftung unfähig wird. Pflug, Wagen und Vieh müssen offenen Zugang zu jeder Jahreszeit haben. Könnten alle Schläge mit ihren Spitzen an die Vorwerksgebäude anstoßen, so wäre dieses die natürlichste und zweckmäßigste Freiheit. Fuhrwege und breite Viehtriften können helfen, aber zu viele derselben anlegen, würde das Gesetz ökonomischer Sparsamkeit überschreiten. In Weselitz konnte ich, da mir ein ganzer Schlag im Wege lag, aus diesem Grunde die neunfeldrige Eintheilung nicht durchsetzen, und mußte sie auf 7 Schläge konzentriren. Ich sage es also noch einmal, man nenne meine Vorliebe zur neunfeldrigen Wirthschaft nicht Pedanterei, indem ich überzeugt bin, daß Localitäten die Eintheilung bestimmen.

Ich schreite nun zu der Fruchtfolge in meinem neunschlägigen Wirthschaftssysteme, setze aber dabei voraus, daß der Boden des einzutheilenden Feldes ziemlich gleichartig sey, oder doch wenigstens durch Dünger gleichartig gemacht werden kann; indem ich hier bloß einfache Schlagordnungen beschreibe, und die zusammengesetzten dem Urtheil der Wirthe über ihren Boden gänzlich überlasse. Ich werde Modelle zu guten, mittlern und schlechten Boden angeben, aber mir lauter Wirthschaften denken, wo entweder nur äußerst wenig, oder

gar

gar kein wildes Heu gewonnen wird, und wo eben so wenig Hütungen und Abtristen für die Schaafe vorhanden sind. Wer Heu hat, wird sich desto besser in dieser Wirthschaft stehen; aber wer keines hat, soll und wird auch auskommen, und dadurch erst den Namen eines guten Wirths verdienen, daß er eine Ackerkultur einführt, die den Keim ihrer Vollkommenheit in sich selbst hat. Wir sprechen zuerst von der Fruchtfolge auf einem Landgute, welches nächst andern Früchten auch Weitzen und Gerste zu tragen fähig ist, wenn es unter dreijährigen Mist gesetzt wird.

Ich schlage dazu folgenden Wechsel vor, der sich sowohl auf die Jahre, als auf die verschiedenen Schläge bezieht.

1) Behackte Früchte nach der stärksten Düngung;
2) Gerste;
3) Erbsen und Sommerwicken nach geschehener halber Düngung;
4) Roggen;
5) Wicken zu Heu nach geschehener ordinairer Düngung;
6) Weitzen mit Klee und Grassaamen;
7) Kleeweide;
8) Grasweide;
9) Haber.

Regel ad 1. 3. und 5. In diesem Wirthschaftswechsel, auf guten Boden angewandt, kann ohne wilde Wiesen, wie ich dieses in einem andern Abschnitte darlegen werde, so viel Mist gewonnen werden, daß Ein Drittheil des Feldes jährlich ausgedüngt werden kann. Es könnten demnach drei Schläge zu gleichen Theilen damit versehen werden. Aus oekonomischen Gründen thue ich aber auf eine gleiche Vertheilung desselben Verzicht, und bestimme mehr Mist für behackte Früchte. Die Ursache, warum der Mist gerade in diese drei Schläge, und in keine andere kommt, ist folgende: die Erfahrung lehrt, daß die Saamen des Unkrauts im Acker hauptsächlich dann aufzulaufen pflegen, wenn der Acker gedüngt wird. Im Miste selbst sind eine Menge Unkrautsaamen, und daher haben gemistete Aecker am meisten mit demselben zu kämpfen. Besteht aber die edle Frucht nicht im Kampfe, so bekommt das Unkraut die Oberhand. Kommt die gesäete Frucht noch überdies zur Reife, so bereitet sie aufs künftige Jahr abermals eine Unkrautsaat vor, wie wir leider in der Dreifelderwirthschaft Beweise in Menge vor Augen haben. Düngen wir hingegen den Acker zu den Früchten, die ich erwähnt habe, so dürfen wir für das folgende halmartige Getreide nicht sorgen. Bei behackten Früchten sind erst der Pflug, dann die Hacke und die Hand, und endlich wieder der Pflug bei der Gerstensaat, kräftige Gegenmittel. Erbsen und Wicken sind an sich durch ihre dichten laubartigen Zweige und durch ihren schnellen Wuchs solche Früchte, die das Unkraut ersticken, wenn der Acker Kraft genug hat, die edle Frucht zu speisen und zu tränken. Ganz vorzüglich sind die Wicken, wenn sie

sie vor der Reife zu Heu gemähet werden, wodurch zugleich das Reifwerden des allenfalls noch mit unter stehenden Unkrauts gehindert wird. Die Erbsen lassen zwar den Saamen reifen, aber erfahrne Wirthe werden immer finden, daß die Erbsstoppel viel reiner ist, als andere Stoppeln, und daß der Acker durch sie gereiniget wird, wenn gleich nach der Erndte der Pflug folgt. Freilich Erbsen, in kraftlosen Boden gesäet, sind schwache Feinde des Unkrauts.

Regel ad 1. Behackte Früchte sollen in die stärkste Düngung kommen, einmal weil in einem starkgründigen Boden zuweilen eine recht starke Düngung vortheilhafter ist, als wenn der Acker mehrmals, aber nur schwach gedüngt würde. Schwache Düngung kann einen starklehmigen Boden nicht in eine so wirksame Gährung setzen, also auch nicht so locker und milde machen, als die stärkere Düngung. Anderntheils aber bedürfen auch die behackten Früchte einer stärkern Düngung, wenn sie die auf sie gewendeten Kosten und Arbeiten bezahlen und den Acker noch in fruchtbarem Zustande hinterlassen sollen. Die Wahl solcher Früchte kommt hauptsächlich auf die Erfahrung an, welche Früchte am besten auf der Localität gedeihen. Ich wähle dazu Kartoffeln, weiße Wasserrüben oder Turnips und Runkeln. Auf allzu viele Sorten muß sich der Landwirth nicht einlassen, aber auch nicht bloß bei einer Art bleiben, damit ihn eine Mißerndte nicht in Verlegenheit setzet, wenn die beiden andern Arten gerathen sind.

Regel ad 2. Nach behackten Früchten kommt nun im folgenden Jahre eine halmtragende Getreidefrucht. Die Erfahrung lehrt, daß Weitzen und Roggen nicht so gut nach behackten Früchten gerathen, als Gerste. Hieran hat aber wohl hauptsächlich die verspätete Bestellung schuld. Denn ich selbst habe in Weselitz im Jahre 1803 von 1 Wspl. 4 Schfl. Aussaat Weitzen, auf Kartoffelland das 12te Korn gewonnen. Wir haben auch weiter oben gesehen, daß unter Umständen Roggen recht gut darnach geräth. Herr D. Laubender stellt uns davon in der Sanderslebenschen ökonomischen Zeitung von 1803 S. 114 auch ein Beispiel auf, welchem Herr Thaer in den Niedersächsischen Annalen von eben dem Jahre S. 434, ähnliche Fälle an die Seite setzt und dieselben näher erklärt. Wir müssen also bei der Erklärung dieser Erscheinung nothwendig dabei stehen bleiben, daß die Ursache in äussern Umständen und nicht in der starken Erschöpfung des Landes durch die behackten Früchte, oder in der ungünstigen Mischung und Konsistenz für Wintergetreide, in welchen diese Früchte denselben zurücklassen, liege. Wir wollen aber lieber Gerste in diesen Schlag bringen, weil diese, der Erfahrung zu Folge, nirgends besser geräth, als in einem so vorbereiteten Lande. Gerste giebt die reichsten Erndten, wenn sie auf behackte Früchte folgt, und daher ist ihr Ertrag, sowohl im Stroh, als auch im Korn, weit höher anzunehmen, als nach der gewöhnlichen Bestellung, wo Gerste auf die Winterfrüchte folgt, und daher so oft mißräth, weil Getreide auf Getreide folgt.

Unter diese Gerste könnte nun Klee und Grassaamen ausgesäet werden; es würde dieses keiner Regel der Wechselwirthschaft entgegen seyn, weil der Acker noch Kraft genug hat, diesen Klee gleich im ersten und in den folgenden Jahren zu einer guten Weide zu machen. Ich für meinen Theil bin, so wie viele andere erfahrne Landwirthe, von der Methode, den Klee unter Sommerkorn zu säen, abgekommen, besonders wenn dasselbe erst spät im May gesäet wird, wie es größtentheils in der Mark gewöhnlich ist. Häufig folgt nach der Saat des Klees, wenn er auch mit der Gerste zugleich gesäet wird, trockne Witterung oder wohl gar eine anhaltende Hitze; der Klee geht einzeln auf, der größte Theil wartet aber, bis Regen seine Keime herauslockt. Dieser letztere verspätete Kleewuchs wird denn meistentheils in schlimmen Wintern ein Raub des Frostes, weil er sich im Herbste nicht genug bestocken konnte. Hütet man vollends einen solchen Acker mit Schaafen oder mit dem Rindvieh, so verdirbt diese Weide die jungen in der lockern Gerststoppel stehenden Kleekeime. Allein diesen Uebeln entgeht man, wenn man ihn unter Winterfrüchte im ersten Frühling oben auf säet. Davon hernach. *)

Regel

*) Herr Thaer sagt S. 369 seiner kritischen Beurtheilung, zu diesem Vorschlage: „Wenn ich gleich nicht sagen kann, daß mir „auf

Regel ad 3. Auf die Gerste darf nun keine halmtragende Getreidefrucht, sondern entweder eine grün-abzunehmende Futterfrucht oder eine mit Schmetterlings-blumen folgen. Wir haben Erbsen dazu gewählt und dazu den Acker vorher mit halber Düngung versehen lassen. Erbsen müssen nicht sehr stark gedüngt werden, weil sie dann bei naßem Wetter sehr geil und sehr ins Stroh wachsen, bei heisser Witterung aber in vielem Miste sehr leicht verbrennen.

Regel ad 4. Nach Erbsen folgt nun wieder eine Getreideart; wir haben Roggen bestimmt, ungeachtet der Acker auch recht gut Weitzen hätte tragen können. Allein da man mit dem Weitzen, wenn man recht reiche Erndten erwarten will, nicht zu oft kommen muß, und wir eine bessere Stelle dem Weitzen anweisen können, so steht hier der Roggen.

Regel

„auf meinem ziemlich sandigen Lehmboden, der Klee, spät unter „die Gerste gesäet, — denn ich bepferdehacke sie erst — bei darauf folgender Dürre mißrathen sey, sondern vielmehr immer „dicht genug nachgelaufen ist, und sich genug vor Winter bestaudet hat; so halte ich es doch bei dem vom Verfasser vorgeschlagenen Feldsystem, allerdings rathsamer, den Klee im Frühjahr „über das Wintergetreide zu säen, wenn anders der Boden „nicht gar zu bindig und zu feucht ist; denn es hat gar keinen „Zweifel, daß der Klee sich sehr gut unter dem Wintergetreide „hält und bestaudet, und im Herbste so stark wird, daß man ihn „mehrentheils abmähen, immer aber sehr vortheilhaft abweiden „kann. Von der übrigen Fruchtfolge giebt der Verfasser zureichende und unwiderlegliche Gründe an.“

Regel ad 5. Nach Roggen muß nun wieder eine Futterfrucht eingeschaltet werden, dazu schicken sich die Wicken am besten, wenn man sie zu Heu bestimmt. Da der Acker vorher gehörig gedüngt wurde, so läßt sich eine sehr reiche Heuerndte erwarten. Ich habe unter weniger günstigen Umständen pro Morgen ein 20 Ctr. haltendes Fuder Wickenheu gewonnen. Herr Thaer rechnet davon wohl 45 Ctr.

Regel ad 6. In keinem Schlage findet wohl der Weitzen eine bessere Stelle, als hier nach Wicken, welche vor der Reife abgemähet wurden. Weitzen verlangt einen gut zubereiteten, von Unkraute reinen, kraftvollen Boden, und alles findet er hier. Die Wicken erstickten das Unkraut, welches aus dem Miste auslief, und also nun dem Weitzen nicht beschwerlich wird. Die Kraft, welche im Boden ist, wird also nun ihm allein zu Gute kommen. Unkrautsaame konnte nicht reif werden, weil die Wicken vor der Reife, und also auch das Unkraut vor der Reife, abgemähet wurden. Der Pflug folgte der Wickenheuerndte, und daher konnte der Acker noch mehrere Fahren und der Weitzen die zweckmäßigste Saatzeit erhalten. Daher wird er hier so gut als in der reinen Brache, sowohl ins Korn als ins Stroh wachsen, weil er noch eben so viel Kraft und reinen Nahrungsstoff im Boden fand, als in der Brache, die frisch gedüngt wurde.

Auf diesen vom Unkraute reinen milden Boden wird der Klee und Grassaamen im ersten Frühling, gleich

gleich nach dem der Vermuthung nach letzten, oder auch vorletzten, jedoch nicht hochliegenden, Schnee oben auf gesäet und nachdem der Schnee weggegangen, der Boden auch so abgetrocknet ist, daß das Zugvieh der jungen Saat keinen Schaden durch das Eintreten mehr zufügen kann, mit einer Egge, welche mit Dornen durchflochten ist, mit der obersten Krume der Erde vermählt. Die Winterfeuchtigkeit wird dem Saamen die Keime entlocken, der wachsende Weitzen wird sie in Schutz nehmen, und die frühere Erndte desselben den Weidepflanzen Platz machen. Das Stroh des Weitzens wird eine heuartige Gestalt durch den eingeflochtenen Klee erhalten, aber einen Tag länger, als gewöhnlich, in Mandeln stehen müssen, damit der Klee gehörig verdunstet. Der Klee, der so früh gesäet wurde, hat nun hinlänglich Zeit, sich zu bestocken, die harte Weitzenstoppel und die konsistente Grundlage des Ackers werden ihn gegen die Beschädigung des Weideviehes sichern, und man gewinnt also den Vortheil, daß man ihn schon im ersten Jahre weit besser nutzen kann, als den in der Gerststoppel, und daß die Pflanzen gegen die Eindrücke des Frostes und die Folgen des Winters besser abgehärtet sind; — ein Raisonnement, das sich ganz auf Erfahrung gründet. Rother und weißer Klee, Honiggras, englisches und französisches Raygras, dürften wohl für die Mark auf solchen Feldern am zweckmäßigsten seyn, wenn Weide die Absicht ist.

Regel ad 7. und 8. Daß die Weide, wenn der

der Saame nach zwei, drei, vier und fünf Getreidetrachten gesäet wird, nicht so reich seyn könne, als diese, ist wohl leicht einzusehen. Im ersten Jahre wird der Klee und im zweiten werden die Grasarten sich den Vorrang streitig machen. Man kann nach diesen zwei Schlägen den zu haltenden Rindvieh- und Schaafstand in der Art abschätzen, daß auf eine Kuh zwei Morgen und auf eine Kuh zehn Schaafe gerechnet werden. Da jedoch die Fettigkeit des Ackers auf solchen Wirthschaften der Kuhnutzung und der Hammelmästung besondere Vortheile verspricht, so ist einzusehen, daß man sich entweder auf diese oder jene besonders befleißigen müsse. Beides zu vereinigen, Kuhmelkerei und Hammelschäferei zugleich zu etabliren, ist aber im Allgemeinen, des verschiedenen Interesse wegen, nicht anzurathen, wenn die Localität und Größe des Landguts solches nicht nöthig macht. Davon hernach ein Mehreres. Genug, Eine Kuh wird von der Mitte des Mays bis dahin, daß der diesjährige junge Klee in der Weitzenstoppel aufgeht, genug Nahrung auf zwei Morgen finden. Sobald der junge Klee dazu kommt, hat eine Kuh drei Morgen Kleeweide bis zu Ende des Octobers. Auf die Stoppel des Roggens, der Gerste, des Habers, der Wicken wird wenig gerechnet werden können, weil diese gleich nach der Harke umgepflügt wird, und nur während dieser Zeit etwa zur Weide dient. Es bleibt jedoch dem Wirthe unbenommen, dieselben länger zu nutzen, wenn ein Nothfall, z. E. die

nöthige

nöthige Schonung der jungen Kleestoppel, solches als eine Ausnahme nothwendig machen sollte. In den gewöhnlichen Jahren wird dieses nicht nöthig seyn, weil die Weizenstoppel fester ist, als die Gerstenstoppel, und also der junge Klee und Graswuchs um so weniger leiden wird, da er überhaupt nur zur Weide und nicht zum Abmähen bestimmt ist. Saamen von diesem Klee und Gras zu ziehen, steht zwar jedem Wirthe frei; allein, da die Arbeiten so viel als möglich vereinfacht und in großen Wirthschaften fabrickmäßig betrieben werden müssen, so ist es besser, den Saamen von benachbarten Wirthen, die ihn in Großem bauen, besondere Kenntnisse, Menschen und Maschinen dazu haben, und durch ihren Ruf für die Güte desselben stehen müssen, anzukaufen. Solche Kleinigkeiten versäumen und schaden dem Wirth mehr, als sie helfen.

Regel ad 9. Mit Haber schließt sich die Fruchtfolge. Daß diese Frucht nirgends besser, als in Klee und Grasstoppeln, wenn diese vor Winter umgepflügt werden, geräth, ist jedem Wirthe bekannt. Haber liebt einen durch Weidetrift etwas konsistent gemachten Boden und wird also in diesem Schlage um so besser gerathen, da der Acker bei Ansäung des Klees noch Kräfte hatte, und durch den gefallenen Weidemist noch besser wurde. Nach diesem Haber folgt nun der neue Umlauf, der sich wieder mit behackten Brachfrüchten anfängt.

Als einen Nachtrag zu diesen Regeln, deren Perfectibifectibilität ich den beurtheilenden Lesern überlasse, füge ich nur noch folgende, sich auf die Beackerung beziehende Sätze bei, die jedoch aber auch nach der Localität ihre Abänderung erleiden müssen.

No. 1. Wird im ersten Frühling, wo möglich geegt und gedüngt. Da diese Wirthschaft im guten Boden eigentlich auf eine Kuhmelkerei berechnet ist, so findet kein Hordenschlag statt; sollte aber der Wirth, was eben so gut statt hat, Masthammelschäferei etabliren wollen, so müßte dieser Schlag den Hordenschlag erhalten. Im vorherigen Herbst nach der Habererndte würden die Horden ohne Anstand darauf geschlagen werden können. Da aber im Juny desselben Jahrs, wo das Horden gewöhnlich seinen Anfang nimmt, behackte Früchte darauf stehen, so müssen die Hammel, wenn man nicht den fünften Theil dieses Schlages leer lassen will, auf dem Schäferhofe, oder im gestreuten Hordenschlage ihr Nachtlager finden, bis dahin, daß die Habererndte des laufenden Jahres geschehen ist. Es wird nachgewiesen werden, daß Stroh genug zum Streuen vorräthig seyn wird. Bei etablirter Kuhmelkerei ist diese Bedenklichkeit ohnedies gehoben. Nach geschehener Düngung wird der Acker noch zweimal gepflügt, eben so oft geegt und dann der Hacke überlassen.

No. 2. Die Gerste wird in das vorjährige behackte Land durch zwei Fahren entweder eingepflügt oder untergeegt. Nach geschehener Erndte abermals

gepflügt

gepflügt und des im Herbste zu düngenden Ackers wegen geegt.

No. 3. Wird im Herbst durch den im Sommer erworbenen Mist gedüngt. Je früher die Düngung geschehen kann, desto besser senkt sie sich und wird also desto wohlthätiger für die Erbsen. Im ersten Frühling wird einmal gepflügt, und dann werden die Erbsen eingeegt. Nach geschehener Erndte wird abermals gepflügt und dann zu seiner Zeit der Roggen entweder untergepflügt, oder, was noch besser ist, nach einer wiederholten Pflügung eingeegt.

No. 4. Nach geschehener Roggenerndte, wird die Stoppel gebrochen, und des im kommenden Winter zu düngenden Ackers wegen im späten Herbste geegt.

No. 5. Wird im Winter gedüngt, und im Frühling vor der Wickensaat noch einmahl gepflügt, und die Wicken, einige früher, andere später, eingeegt. Nach der Wickenheuerndte wird der Acker durch zwei oder drei Fahren zu Weitzen vorbereitet. In der letzten Fahre wird derselbe untergepflügt und dann geegt.

No. 6. und 7. bleiben vom Pfluge unberührt.

No. 8. wird im späten Herbste umgerissen und bleibt in rauher Oberfläche.

No. 9. wird im ersten Frühling geegt, dann mit Haber besäet und mit eisernen Eggen eingeegt. Nach der Erndte wird mutatis mutandis der Hordenschlag darauf gebracht, auf alle Fälle aber der Acker aufgebrochen. Da dieser Schlag erst im Frühling gedüngt wird, so bleibt er ebenfalls in rauher Oberfläche dem Einfluß der Witterung ausgesetzt.

Zum Schluß dieses Abschnitts sey es mir erlaubt, noch ein Urtheil vom Herrn Thaer beizufügen. In einer Anmerkung zu Bergens Anleitung zur Viehzucht sagt er S. 144:

„Grün abgemähete Wicken sind einer reinen Brache „wohl gleich zu schätzen, und auf sehr bindenden „Boden gewiß vorzuziehen. Sie erhalten diesen bei „jeder Witterung locker, und wenn der Pflug gleich „der Sense folgt, so wird der Acker durch einige „Fahren weit besser zubereitet, als wenn er unbestellt „liegen geblieben wäre. Eine gereifte Wickenerndte „läßt sich dagegen einer reinen Brache wohl nicht an „die Seite setzen. Die mehlartige Frucht ziehet doch „Nahrungstheile aus; überdem aber wächst mit den „Wicken auch häufig Unkraut auf, wird früher reif, „wie jene, und streuet seinen Saamen aus. Die „Zeit wird dann auch mehrentheils zu kurz, um „das Wickenfeld mehrere Male zu pflügen. Dies „alles fällt bei grün abgemäheten Wicken weg, und „daher verdienen nur diese den Namen einer verbes„sernden Frucht. (Und S. 429:) Freilich ist der Er„trag der reifen Frucht grösser; aber der Acker nach „derselben auch in einem minder reichen Zustande.“

IV. Abschnitt.

Vorerinnerungen, welche die Einrichtung einer solchen Wirthschaft betreffen.

Bevor ich die Anwendung der vorigen Grundsätze und Regeln auf vorbesagten Grund und Boden darstellen und den Ertrag derselben gegen die Dreifelderwirthschaft berechnen kann, muß ich mit meinem Leser erst über einige Puncte einig werden, die ich in der Folge als Wahrheit voraussetze, und auf die ich mich der leichtern Uebersicht wegen beziehen darf. Der Landmann geht bei seinen Berechnungen und Speculationen von gewissen Maaßregeln aus, die er entweder nach deutlichen Kenntnissen, oder nach bloßen Handgriffen oder Augenmaaß angenommen hat. Da aber das Locale, die Zeit, und die Bewirthschaftung selbst auf das Plus und Minus vielen Einfluß haben, so muß man zwischen beiden durchgehen und einen Durchschnittskanon anzugeben suchen, der mehrere Allgemeingültigkeit hat, als einzelne Erfahrungen, die von Localitäten, fruchtbaren Jahren, oder ungünstigen Verhältnissen hergenommen sind. Wenn

Wenn ich mich daher auf einzelne Erfahrungen berufe, so sind es solche, die mehr das gewöhnliche, als das Ungewöhnliche zum Gegenstand haben, weil es mir um Wahrheit und um den Beifall reeller Wirthe zu thun ist. Ich werde mich aber auch hier der Kürze befleißigen und meine Untersuchungen möglichst treu darzustellen mich bemühen.

Beschaffenheit des Bodens, den ich hier vor Augen habe.

Den Boden nach den Resultaten seiner Fruchtbarkeit zu schätzen, ist immer der sicherste Weg, um sich von seiner jetzigen Beschaffenheit zu unterrichten; aber um allgemeingültige oeconomische Folgerungen daraus zu ziehen, um Vergleichungen mit möglichster Richtigkeit anstellen zu können, ist es nicht bloß genug, zu sagen: der Boden wird eingetheilt in guten, mittlern und schlechten.

Ich habe mich zwar nie mit chemischen Zersetzungen der Mineralien abgegeben, sondern beschränkte meine Prüfungen auf die Ansicht und andere empirische Principien, die jeder Landwirth kennt. Nachdem ich aber in Herrn Thaers Einleitung zur Kenntniß der englischen Landwirthschaft den oeconomischen Zergliederungsproceß der gewöhnlichen Ackerbestandtheile dargestellt fand, so stellte ich mehrere Experimente an, um den verschiedenen Boden der Ukermark kennen zu lernen, und die

die Quantität seiner verschiedenen Bestandtheile auszumitteln. Hierher gehört nun hauptsächlich die Beschreibung desjenigen Bodens, den ich für meine eben beschriebene Fruchtfolge für passend halte, oder mit einem Worte, der Boden, der in der Ukermark in der Nähe der Stadt Prenzlau und der benachbarten Dörfer und Vorwerke, wohin auch Weselitz gehört, vorhanden ist; und ich wählte zur Untersuchung gerade solchen, wie er am gangbarsten in jener Gegend ist. Man hört nicht selten von Menschen, die die englische Landwirthschaft nur von Seiten ihrer reichen Production kennen, Urtheile, die, wenn sie wahr wären, dem deutschen Landwirthe den Muth benehmen würden, jenen Insulanern nachzueifern. Der eine sagt: England würde Hungers sterben ohne deutsches Brod, der andere: bringe englischen Boden mit, wenn du englische Landwirthschaft einführen willst. Von dem kleinen Flächenraume, der in England, in Verhältniß seiner Fabrik- und Handelsstädte, kultivirt wird, spricht niemand, wenn er seine großväterliche Wirthschaft entschuldigen will, und eben so wenig von englischer Betriebsamkeit. Der englische Boden soll die conditio sine qua non seyn, ohne zu bedenken, daß man ihn an vielen Orten einzäunen muß, ehe er in gehörige Kultur kommt, damit ihn der Wind nicht wegbläst.

Der Ukermärkische Boden hat eine ziemlich gleiche Lage, wird selten von beträchtlichen Bergen unterbrochen, hat dagegen in seiner Mitte häufig kleine Brücher von

torfarti-

torfartigen Erden, grössere und kleinere Seen und stehende Wasser. Dagegen fehlt es an Bächen, die zur Wässerung der Wiesen gebraucht werden könnten. Die Oder, die Randow, die Uker u. s. w. fließen durch Wiesengründe, aber diese sind schon wegen ihrer tiefen Lage so gesetzt, daß sie die Wässerung entbehren können.

Da der Boden sich hauptsächlich durch seine mehr oder weniger sandige Beschaffenheit unterscheidet, so wählte ich eine Mittelsorte von gutem Weitzenboden, der weder zu streng noch zu sandig ist. Nachdem ich von diesem eine Ladung nach Hause gebracht hatte, schaffte ich mir die zur Prüfung nöthigen Gefäße und Materialien an. Einige große Töpfe, Zuckergläser, Seihetücher, einen Durchschlag, chemisch reine Salpetersäure, gemeines und destillirtes Wasser, nebst einer blechernen Pfanne hatte ich in Bereitschaft.

Um diese Ackererde in ihre oeconomischen Bestandtheile zu zerlegen, that ich eine Quantität in die blecherne Pfanne, dämpfte sie allmählig ab, und nahm davon 100 Apothekerloth. Aus dieser Masse sonderte ich vermittelst eines Durchschlags die kleinen Steine, deren Gewicht drei Loth betrug.

Die übrigen 97 Loth wurden in einen hohen Topf gethan, mit Wasser in der Art begossen, daß letzteres einen Fuß höher stand, als die Erde. Hierauf wurde die Mischung mit einem dicken und mehreren dünnen Stäben, an welche sich die Fasern und Wurzeln, die in der Oberfläche gewesen waren, anhingen,

gen, eine Stunde lang in Bewegung gesetzt, so daß sich der Sand und Thon von einander scheiden konnten. Eine Minuten lange Pause unterbrach dieses Spiel, der Sand setzte sich zu Boden, und die aufgeweichten Thontheile wurden mit dem obern Wasser in einen andern noch höhern Topf gegossen. Der Sand wurde noch mehrere Male so behandelt und endlich abgewaschen. Die Thontheile wurden sämmtlich in dem höhern Topfe gesammelt. Nachdem ich von dem Sande das Wasser rein abgedämpft hatte, betrug das Gewicht des Sandes 50 Loth; und der Thon, auf eben diese Art behandelt, 46 Loth. Ich untersuchte nach der sogleich anzuzeigenden Weise die wasserhaltende Kraft des Thons, und fand, daß sie nur 40 pro Cent betrug. Ich vermuthete also mit Recht noch vielen beigemischten Sand und wiederholte also das Schlemmen abermals und fand noch 7 Loth ganz feinen Mehlsand. Nun hatte der Thon an wasserhaltender Kraft zugenommen, so daß letztere 50 pro Cent betrug. Durch ein abermaliges Schlemmen wollte mir keine reine Absonderung mehr glücken, ob ich gleich aus der Mischung noch auf mehrern ganz eng damit verbundenen Mehlsand schließen konnte. Die wasserhaltende Kraft des Sandes betrug 18 pro Cent.

Nun tröpfelte ich, um den Kalkgehalt der Erde zu erfahren, einige Tropfen Salpetersäure auf dieselbe und fand schon vorläufig durch diese Probe, daß wenig davon vorhanden sey, weil das Aufbrausen der Luftsäure von weniger Bedeutung war. Um die vorhandene Menge jedoch bestimmt auszumitteln, nahm ich 2 Unzen abgedampfte Erde, that sie in ein Zuckerglas, und schüttete 2 Loth Salpetersäure und eben so viel destillirtes Wasser hinzu. Nachdem das Brausen vorbei war, goß ich das ganze Glas voll Wasser, und nachdem sich die Flüssigkeit in Zeit von 24 Stunden erhellet hatte, trennte ich das Wasser von der Erde, und erneuerte diesen Prozeß noch einigemale. Endlich wog ich den abgedampften Rückstand, und fand kaum eine Verminderung von etlichen Granen. Der Kalk war völlig aufgelöst, denn die Säure, die ich abermals probirte, fand keine Luftsäure mehr. Ich wollte nun untersuchen, wie viel feingeschabten Kalk ich wieder zusetzen müßte, um ein eben so starkes Aufbrausen zu erregen, wie in der Ackererde. Ich mußte 4½ Gran Kreide untermischen, um meinen zwei Unzen wieder den vorigen Kalkgehalt zu geben. Ich glaube also nicht zu irren, wenn ich annehme, daß unter 100 Loth Ackererde, 1 Loth Kalk enthalten sey, und schreibe dieser Erdart der Theorie nach 50 pro Cent wasserhaltende Kraft zu.

Um die wasserhaltende Kraft meines Bodens auszumitteln, feuchtete ich mit reinem Regenwasser eine Quantität dieser Erde, wie sie vom Acker kam, hinlänglich an, knetete sie durch, that sie in ein nasses gewogenes Seihetuch, und nachdem kein Wasser mehr abtröpfte, wog sie, nach Abzug des Gewichts des Seihetuchs, 63¾ Loth.

Hierauf

Hierauf dampfte ich die Erde in der blechernen Pfanne allmählig ab, und wog sie wieder. Es ergab sich eine Verringerung von $15\frac{1}{4}$ Loth; folglich halten 48 Loth trockene Erde $15\frac{1}{4}$ Loth Wasser, und mithin ist die wasserhaltende Kraft 32 pro Cent. Um mich davon noch mehr zu überzeugen, machte ich den Versuch auf die entgegengesetzte Art, und so fand ich, daß diese 48 Loth wieder die angegebene Menge Wasser aufnahmen. Diese wasserhaltende Kraft der Erde ist nicht sehr stark, daher vermuthe ich, daß die vielen kleinen stehenden Wasser und zum Theil großen Seen dieser Gegend daher ihren Ursprung nehmen. Da die Fruchtbarkeit des Bodens durch diese Erscheinung nicht leidet, wie die Erfahrung lehrt, so glaube ich, daß die gleiche Oberfläche und die thonhaltige Unterlage für die längere Haltung des aufgenommenen Wassers sehr günstig mitwürken.

Um das specifische Gewicht dieser Erdarten unter sich und gegen die Ackererde auszuforschen, that ich in ein kleines Gefäß eine Quantität trockenen Sand, wog ihn und zählte 56 Loth. Eine gleiche Masse Thon in dieses eben so volle Gemäß gethan, wog 33 Loth, und endlich enthielt die Ackererde in diesem Gemäß 46 Loth; jedoch nach Abzug des Gewichts meines Gemäßes. Daraus ergeben sich denn folgende Resultate: das specifische Gewicht des trockenen und pulverisirten natürlichen Bodens verhält sich zum Sande, wie 46 zu 56 und zum Töpferthon, wie 56 zu 33. Demnach würde der Thon, wenn er nicht in sich eine sehr bindende Kraft hätte, eine sehr leichte Erdart seyn und nicht den Namen eines schweren Bodens verdienen. Nur die wenige Bindung, die der Sand an sich hat, giebt ihm den Namen eines leichten Bodens. Daraus folgt aber auch die oeconomische Regel, daß wenn man den thonigten Boden durch Mist, durch Winterbrachen, durch überschattende Früchte, und durch aufmerksame Kultur, in dem Zustande der Lockerheit erhält, die Bearbeitung desselben durch Pflug und Egge sehr erleichtert und seine Fruchtbarkeit sehr erhöhet werden kann.

Ferner befinden sich unter 100 Loth abgedampfter Ackererde

1) 3 Loth kleine Steine;
2) 1 Loth vegetabilische Fasern;
3) 1 Loth Kalk;
4) 57 Loth gröberer und feinerer Sand;
5) 38 Loth Töpferthon;

100 Loth.

Die Ackererde, welche auf einer starkthonigen Unterlage ruhet, enthält 32 pro Cent wasserhaltende Kraft.

Der reine Sand hat 18 pro Cent und der Töpferthon 50 pro Cent wasserhaltende Kraft.

Aussaat in solchen Boden.

Um die Quantität der Aussaat zu bestimmen, nimmt Herr Graf von Podewils mit Recht auf die specifische Größe der Getreidekörner Rücksicht; er wählt aber von jeder Art die größten, reifsten und vollkommensten Körner, von welchen man erwarten kann, daß sie keimen und gute Früchte bringen werden. Er bestimmt dem zu Folge die Quantität der Aussaat nach der verschiedenen Größe der Körner jeder Getreideart, verbunden mit der jeder Art von Korn eigenthümlichen bessern oder geringern Fähigkeit zum Keimen und Auflaufen. Er zählte die Körner, die er auf einen Quadratfuß gesäet hatte, und zählte dann wieder die aufgegangenen Pflanzen, und fand S. 39 seiner Wirthschaftserfahrungen auf Gusow, daß von 44 gesäeten Weitzenkörnern nur 35 aufgelaufen, mithin 9 Körner verloren waren. Von Roggen waren von 82 Körnern nur 32 aufgegangen; von 92 Haberkörnern nur 38 und von 46 Gerstenkörnern waren 36 Pflanzen entstanden. Dagegen waren Erbsen und Wicken sammt und sonders aufgegangen.

Ob Herr Graf von Podewils völlig richtig beobachtet hat, wage ich im Allgemeinen nicht zu bestimmen. Ich habe noch nie mich auf solche Zählungen in dieser Hinsicht eingelassen. Gleichwohl muß ich, da mir eine solche Untersuchung nicht ganz gleich-

 gültig

gültig zu seyn scheint, auf mehrere Proben antragen, weil ich beim Roggen eine ganz andere Erfahrung gemacht habe. Im Jahre 1801 wollte ich untersuchen, ob mein Roggen, welcher vermöge eines langen Regenwetters in der Erndte mitunter ausgewachsene Körner hatte, zur Saat zu gebrauchen sey. Ich suchte also diejenigen Körner aus, welche die längsten Keime getrieben hatten. Schon vermuthete ich, daß keines von diesen Körnern, die schon Zolllange Blättchen getrieben hatten, aufgehen würde. Auf gut Glück säete ich eine Anzahl in Blumentöpfe, und eine andere Portion ins Gartenbeet. Erstere hatte ich genau gezählt und nach dem Auflaufen überzeugte ich mich, daß von 8 Körnern nur ein einziges ausgeblieben war. Wahrscheinlich muß also wohl bei dem Herrn Grafen von Podewils ein Fehler am Saatkorn, oder bei der Saat, oder beim Unterbringen unter die Erde begangen worden seyn, oder es muß an der Witterung gelegen haben, daß von 82 Körnern 50 Stück ausgeblieben sind.

Herr Thaer stellt in seiner Einleitung zur Kenntniß der englischen Landwirthschaft mehrere Versuche von Arthur Young auf, nach welchen die Quantität der Aussaat auf bessern und schlechtern Boden bestimmt werden soll. Nach diesen Versuchen scheint es sich zu ergeben, daß man auf ungedüngten Boden stärker säen müsse, als auf gedüngten. Herr Thaer klagt zwar selbst die Versuche einer gewissen Einseitigkeit an, weil

Young

Young nach S. 443 eine sehr wichtige Rücksicht, nemlich die auf die Saatzeit, vergessen hat. Gleichwohl zieht Herr Thaer S. 449 folgendes Resultat:

„Ueberzeugender, wie diese Versuche, kann wohl „nichts die höchst falsche, aber in vielen Gegenden „Deutschlands noch allgemein geltende Maxime wi„derlegen: reiches kräftiges Land stark, armes aber „schwach zu besäen. Es ist unbegreiflich, wie ein „falsches Raisonnement, aller Erfahrung zum Troß, „sich so verbreiten kann, daß man es als unbezwei„felte Wahrheit annimmt. Starkes Land, sagte „man, kann doch mehr Pflanzen ernähren, wie ar„mes. Darum so säe man so viel als möglich auf „jenes, auf dieses aber sehr sparsam. Man hat die„se falsche Theorie Güteranschlägen, Bonitirungen „und Kontributions-Katastern zum Grunde gelegt, „und sie dadurch zu einem orthodoxen, legalen Grund„saß der Oeconomie erhoben. Und dennoch lehrt „Erfahrung, einige Aufmerksamkeit auf Pflanzen„wachsthum und gesundes Raisonnement gerade das „Gegentheil.

„Man siehet jedesmal, daß auf fruchtbarem Lande „die Kornpflanzen von allen Seiten aussprossen und „einen großen Bult machen. Stehen sie zu dichte „bei einander, so hat das Kraut so wenig Plaß auf „der Oberfläche, wie die Wurzeln im Boden; denn „deren Verbreitung im Boden findet man fast im„mer der Bestaudung auf der Oberfläche gleich. Auf „magern

„magern Boden hingegen sprossen die Pflanzen fast „gar nicht aus, und stehen sie nicht dicht an einan„der, so bleiben große Zwischenräume. Nun ist es „eine ausgemachte Sache, daß wo auf dem Acker „keine Pflanze stehet, irgend eine Art von Unkraut „hervorkommt. Dies zieht dann den schwächlichen „Pflanzen ihre Nahrung völlig weg.

„Man nehme an, daß auf einem Acker auf der „Mitte jedes Quadratfußes, eine Pflanze stehe. Ist „das Land sehr reich, so wird die Pflanze bald Kraft „genug erhalten, ihren Quadratfuß auszufüllen. So „weit ihr Kraut sich auf der Oberfläche ausdehnt, „so weit gehen auch ihre Wurzeln in den Boden; „jede Pflanze ziehet also Nahrung heraus, die in „dem Quadratfuß enthalten ist. Wären mehrere „Pflanzen da gewesen, so hätte es am Raume für „Kraut und Wurzeln gefehlt, und eine hätte die „andere verdrängen müssen, bei welchem Kampfe ge„wiß alle gelitten hätten.

„Auf einem armen Boden verhält es sich ganz „anders. Jedes Korn keimt auch, und wird eine „Pflanze. Aus Mangel an Kraft aber breitet sie „sich weder im Kraute, noch Wurzeln aus, und „nimmt etwa höchstens drei Zoll ein. Der übrige „Theil des Fußes bleibt also unbesetzt, und giebt „wilden Pflanzen, deren Saamen im Lande liegt, „Gelegenheit hervor zu kommen.“

Dieses Raisonnement des Herrn Thaer scheint mir

mir nach meinem unmaaßgeblichen Urtheile, sehr wichtig zu seyn, um zu beweisen, daß eine zu starke Aussaat eben so, wie eine zu schwache, für die Erwartung einer guten Erndte sehr ungünstig ist; aber weiter, glaube ich, beweißt es auch nichts. Ich kann mich wenigstens nicht überzeugen, daß man deshalb auf einen magern Boden dichter säen müsse, weil die Pflanzen da fast gar nicht sprossen, und also Zwischenräume bleiben, die das Unkraut begünstigen, welches den schwächlichen Pflanzen die Nahrung wegzieht. Wenn Herr Thaer voraussetzt, daß die Pflanzen im guten Boden sich nach dem Verhältniß bestauden, als der Boden Kraft hat, so muß dieses auch in demselben Verhältniß im schlechtern Boden der Fall seyn. Sie werden sich in der Art bestauden, als der Boden Kraft hat, sie zu nähren. Fehlt es ihm aber dazu an Kraft, so werden wir dem Mangel am unzweckmäßigsten durch Verdichtung der Aussaat abhelfen. Wenn aber Herr Thaer Unkraut in den Zwischenräumen auf schlechtem Boden fürchtet, so fürchte ich, und vielleicht mit noch mehrerem Rechte auch auf dem guten Boden vom Unkraute, weil dieses sich eindrängen wird, ehe die einzige Getreidepflanze den Quadratfuß mit ihren Sprossen bezogen hat; und auf reichem gedüngten Boden ist des Unkrauts immer mehr, und die wuchernde Kraft desselben gefährlicher, als auf magern Boden.

Am Ende des angezeigten Werks S. 721 finde ich, daß Herr Thaer seine Meinung, wegen stärkerer Aus-

saat

saat auf schlechten Boden, dahin einschränkt, daß er einer völlig gleichen Aussaat das Wort redet.

„Ich meines Orts, sagt er, würde auf 75 Quadrat„ruthen des schlechtesten Bodens nicht weniger säen, „als auf 75 des besten."

Jetzt nähern wir uns mehr, und unter gewissen Umständen würde ich seiner Meinung ganz beipflichten; nehmlich wenn wir voraussetzen könnten, daß Witterung, Zeit und völlig gleiche Vertheilung des Saamens immer so ausfielen, daß wir bei jeder Getreideart und in jedem Jahre hoffen könnten, daß jedes Getreide-Keimchen sich so bestauden würde, wie es der in dem Acker vorhandenen Kraft angemessen ist. Wenn die Umstände immer günstig genug wären, so könnten wir es ganz der Natur überlassen, nach Verhältniß der Güte des Bodens mehr oder weniger Sprossen zu erzeugen, und also die Kraft des Ackers sich selbst entwickeln zu lassen. Allein darauf können wir uns in wenigen Jahren, und am wenigsten bei Sommerkorn verlassen. Die Witterung ist oft so lange ungünstig, bis das Getreide in Halm gehen will; kommt diese Zeit, so gehet das Getreide, ohne sich zu bestauden, in die Höhe, und Spätlingssprossen können nichts mehr helfen. Dann kommt der reiche Boden zu kurz, das Unkraut hat sich eingefunden und verdrängt das Wachsthum der edlen Frucht! Und gleichwohl ist es der reiche gedüngte Boden fast einzig, der den Wirth und die Wirthschaft erhalten muß, weil auf schlechtern Boden ohnedies nicht viel zu rechnen ist.

Diesen

Diesen schlechten Boden zu schonen, und lieber wenig gute, als viele kleine Aehren zu nehmen, muß auch ein Augenmerk des Wirths seyn, der ihn nicht ganz erschöpfen will. Auch besäet man diesen Boden gewöhnlich früher, als den reichen, und giebt ihm längere Zeit, besonders beim Wintergetreide, mit seinen Saamenkeimen zu wuchern, weil diese sich nicht so leicht überwachsen, als es in reichen, zu früh besäeten Boden bei günstiger Herbstwitterung geschehen würde. Aus diesem Grunde kann sich der Acker mit weniger Saamen behelfen, und sich doch vor Eintritt des Winters noch eben so sehr bestauden, als ein anderer, der kurz vor den Frösten bestellt ist. Wenn der Landmann diese Zeit so genau bestimmen könnte, wie der Astronom eine Sonnenfinsterniß, dann würde dieser Grund nur dem faulen Wirth gelten; allein unter den jetzigen wirthschaftlichen Verhältnissen müssen wir darauf Rücksicht nehmen. Da nun noch überdies ein guter gedüngter Boden mehr Unkraut zu fürchten hat, als ein magrer, so ist es keinesweges zu rathen, sich allzu sehr auf die bestaudende Kraft in jenem Boden zu verlassen, sondern gleichsam der Natur zu Hülfe zu kommen, und etwa den vierten Theil des Saamens nicht zu sparen. Dieses sey also zu meiner Entschuldigung gesagt, wenn ich in der Wechselwirthschaft einige Metzen mehr auf den Boden zu säen rathe, als in der Dreifelderwirthschaft, wo der Boden an Dünger Mangel hat.

Aber mißverstehen wird man mich auch nicht, als

ob ich glaubte, daß in der Wechselwirthschaft eine spätere Bestellung und Saatzeit nöthig wäre, oder als ob man da mehr vom Unkraute zu fürchten hätte, als in der Dreifelderwirthschaft, und daher wo diese Umstände eintreten, die Aussaat noch mehr verstärkt werden müßte. Der einzige Grund bei der stärkern Weitzen-, Roggen- und Gersteaussaat ist dieser, daß man weniger der Gefahr ausgesetzt ist, durch ungünstige Witterung nach der Saatzeit an der Erndte zu verlieren, welches auf einem guten Acker von sehr wichtigen Folgen seyn könnte. In der Wechselwirthschaft ist dies besonders nöthig, weil darin der mit Getreide besäete Flächeninhalt kleiner ist, als in der Dreifelderwirthschaft. Man säe also statt eines Scheffels Weitzen einen Scheffel und 4 Metzen und man wird finden, daß es in den meisten Jahren besser ist, sich bei Benutzung des guten Ackers mehr auf diese vermehrte Aussaat, als auf die für die Bestaudung günstige Witterung zu verlassen. Der Haber aber muß in unserer Circulation deßhalb eine stärkere Aussaat erhalten, weil er einjährig in die Kleenarbe bestellt wird. Ich leugne es also keinesweges, daß in manchen Jahren, die der wachsenden Saat sehr günstig sind, eine verstärkte Aussaat unnöthig gewesen wäre, allein auf solche kann der Landmann nicht mit Gewißheit rechnen, weil er zur Zeit des Säens die Zukunft nicht vor Augen hat. In dieser Meinung bestätigen mich so gar viele Erfahrungen, die selbst Arthur Young, auf dessen Versuche sich Herr Thaer bezieht, dargestellt hat. Man

sehe

sehe Arthur Youngs Annalen des Ackerbaues, herausgegeben von Johann Riem 1ster Band 25. u. a. O. *)

Die

*) Herr Thaer sagt in der erwähnten Kritik S. 571. „Caeteris „paribus, bleibe ich doch, nach mehreren angestellten Versuchen „und Beobachtungen, bei meiner Meinung. Ein reicher, gut „kultivirter Boden wird durchaus stärker und sich weiter verbrei„tende Pflanzen erzeugen, und folglich werden weniger Pflanzen „auf derselben Fläche Platz haben. Es kommen aber ausser dem „Reichthum und Armuth des Bodens, worunter ich den Ueber„fluß oder Mangel des darin enthaltenen vegetabilischen Nah„rungsstoffes oder des vegetabilisch = animalischen Moders ver„stehe, noch mehrere Umstände in Betracht. Die Saatzeit macht „einen gewaltigen Unterschied. Nächst der Saatzeit kommt es „auf die Reinigkeit, Mürbigkeit, Gleichartigkeit des Bodens „und auf den gehörigen Grad der Feuchtigkeit oder zu starken „Nässe und zu starken Trockenheit, folglich auf die Witterung „im Verhältniß zur Bodenart, sodann auf die gleichmäßige Ver„theilung und Unterbringung des Saamens — kurz, auf alle „die Umstände an, welche das Auflaufen jedes Saamenkorns be„fördern oder erschweren. Ferner kommt die Güte des Samens „und auch die Varietät der Kornart in Betracht. Der ächte „sogenannte Johannisrocken braucht, wenn er vor Michaelis ge„säet wird, nur halb so stark ausgesäet zu werden, als eine an„dere Art von Rocken, die sich ihrer Natur nach, schwach bestaudet. Wird jener wirklich um Johannis gesäet, so braucht man „nur ¼ der gewöhnlichen Aussaat. So giebt es auch wohl bei „andern Getreidearten Abartungen, deren Natur man erforschen „muß. Beim Drillen säe ich vom Rocken immer nur die Hälfte „desjenigen, den ich zu gleicher Zeit und in gleichen Boden mit „dem Wurf aussäe, und demnach steht auf einem Quadratfuß „wenigstens eine gleiche Anzahl Halme. Beim Drillen kann „aber, wenn sonst alles seine Richtigkeit hat, nicht leicht ein

„Korn

Die Zeit der Aussaat unterscheidet sich wenig oder gar nicht von der gewöhnlichen Wirthschaft, und daher über-

---

„Korn ausbleiben, und er bestaudet sich durch das Pferdebacken „ohne allen Zweifel stärker. Unter schlechtem Boden kann man „zähen, strengen sogenannten ungeschlachten Boden mit vitrio„lischer Säure, auch kalten, sauren Moorboden verstehen, oder „aber Sand. Auf erstern gehört ohne allen Zweifel eine stärkere „Aussaat, weil es auf einen Glückszufall ankommt, welches „Korn laufen und gesund empor kommen soll. In Ansehung „des letztern bin ich noch zweifelhaft, ob ich eine dichter oder „eine dünner stehende Saat vorziehen soll. Ich sage: stehende, „aufgelaufene Saat; denn je nachdem sie untergebracht worden, „stehet dieselbe Aussaat dichter oder dünner. Die dichtere Saat „bekommt mehrere, aber es ist gewiß — auch schwächere Aeh„ren. Jene ist weder dem Verwehen noch dem Verscheinen so „unterworfen, als diese, und im Körner-Ertrage werden sie „sich auf jeden Fall wohl gleich seyn. Im Durchschnitt halte ich „es für rathsamer, im Sande dichter zu säen, als im guten „lehmigen Boden. Unkraut ist im Durchschnitt auf schlechte„rem Boden gefährlicher (??) wie auf besserem. Der schlech„te Boden ist gewissen Unkrautsarten angemessener, als dem „Getreide; doch keimt dieses mehrentheils früher, (sollte dies auch wohl von dem Feinde des leichten Bodens, dem Hederich gelten? nach meinen Erfahrungen kommt dieser im Sommergetreide schon 3 Tage nach vollendeter Bestellung; wenn er nicht durch besonders ungünstige Witterung zurück gehalten wird,) „und wenn es gleich anfangs dicht stehet, so unterdrückt es das „Unkraut im ersten Keime. Man sieht das besonders bei dem „Buchweitzen. Auf gutem Boden hält das Getreide wirklich „Schritt mit dem Unkraute, und kann es, wenn es durch Wit„terung begünstigt wird (und nicht gar zu schwach gesäet ist), „unterdrücken. (Wie aber bei ungünstiger Witterung? z. E. bei grosser Nässe, die dem Wachsthum des Getreides entgegen, manchen Unkrautsarten aber ehr beförderlich ist? wird nicht etwas

überlasse ich die Bestimmung derselben hauptsächlich der Localität. Der Herr Graf von Podewils giebt S. 37 folgende Mittelzeit an:

den 29sten August für den Roggen;

22sten September für den Weitzen;

den

was dicht stehendes Getreide dem Uebel eher widerstehen, dünn stehendes aber ganz von ihm unterdrückt und zu Grunde gerichtet werden?) „Im Ganzen bleibt meine Meinung die: je besser der Boden kultivirt ist, um desto sicherer kann man Einsaat „ersparen; denn soviel ist gewiß, daß wir nicht den vierten Theil „unserer Einsaat brauchten, wenn aus jedem Korne eine Pflanze „würde, und solche in gleichen Zwischenräumen zu stehen kämen. (Diese Meinung unterschreibe ich mit völliger Ueberzeugung, nur glaube ich, daß wir nicht eher auf diesen Punkt der Kultur kommen werden, bis wir nicht alle Jahre, wenigstens den vierten Theil des Feldes, mit behackten Früchten bestellen können. Die Erreichung dieses Zieles scheint mir aber noch sehr weitaussehend zu seyn, und um deßwillen mochte ich das Dünnsäen nicht empfehlen; denn man muß im andern Fall, bei Ersparung des Saatkorns, immer bedenken, daß, wenn man auch nur alle 5 oder 6 Jahre durch eine kärgliche Saat, Schaden an der Erndte leiden sollte, dieses auf den guten Feldern von weit höherm Belange seyn würde, als auf den schlechteren, und daß dann alles ersparte Saatkorn auf einmal und vielleicht doppelt verloren geht; der Verwilderung der Aecker nicht einmal zu gedenken.) „Bloß in Ansehung des Hafers, fährt Herr Thaer fort, „bin ich für eine dichte Aussaat. Man säet ihn hier zum „Theil noch einmal so stark, als den Rocken ein, und ich habe „nie gefunden, daß er der stärkern Aussaat wegen schlechter ge„standen habe, womit auch Youngs Versuche übereinstimmen. „Zwei Maaß Hafer enthalten wohl nicht mehr Körner, als ein „Maaß Rocken, und die Natur des Hafers ist nicht, sich stark „zu bestauden."

den 26sten März für die Erbsen;
3ten April für Wicken;
5ten April für große Gerste;
27sten März für egyptischen Haber;
5ten April für gemeinen Haber;
30sten May für kleine Gerste.

Ich will diese Bestimmung des Herrn Grafen ihrer Localität als wahr zugestehen; jedoch ist nicht abzusehen, warum Roggen und Weitzen fast einen ganzen Monat in der Saatzeit differiren, besonders da in seinem Werke vom Roggen in frischen Mist gesprochen wird; als in welchem Falle die Aussaat am 29sten August, als Mittelzeit betrachtet, gewiß an den meisten Orten zu früh eintreten möchte. Auch ist die Frage, ob man den 26sten März als Mittelsaatzeit für die Erbsen betrachten könne? Ich zähle die Möglichkeit dieser Saatzeit unter die seltenern Fälle, die nur in guten Fruchtjahren eintreten können, und würde daher diesen Termin früheste Saatzeit nennen. Eben dieses würde ich auch von der Saatzeit des egyptischen Habers sagen, die den 27sten März im Durchschnitt eintreten soll. Für große Gerste halte ich die angegebene Epoche, den 5ten April, für eine sehr frühe Saatzeit, die kaum früher bewerkstelliget werden könnte, besonders da Herr Graf von Podewils nicht vom Bruche, sondern von der Höhe spricht. An den allermeisten Orten der Mark ist die Mitte des Mays die mittlere Aussaatzeit für die große Gerste. Bei dem Haber kommt es mehr und wohl am meisten auf

die

die Art der Bestellung und auf den Ort der Einsaat an. Der einjährige Haber kann im ersten Frühling gleich nach den Erbsen und Wicken gesäet werden. Allein nicht an allen Orten, am wenigsten in einem kalten sauern Boden, verträgt der Haber die Bestellungsweise. Daher ist bei zwei und dreijährigem Haber die beste Saatzeit vom ersten bis 8ten May. Ich würde also in unserm Boden, der mehr den Charakter des Gewöhnlichen, als des Ungewöhnlichen an sich zu tragen angenommen wird, etwa folgende Ordnung, als die in der Mark gewöhnliche, darstellen, und darnach die Arbeiten des Zugviehs berechnen.

Im ersten Frühling, sobald man in die Erde kommen und eine gute Saat verrichten kann, ist wohl die Saat der Erbsen das erste, dann folgen Wicken, dann der einjährige Haber. Der zweijährige Haber zu Anfang des Mays, große Gerste in der Mitte desselben, und kleine Gerste, wenn dieselbe in den Fruchtwechsel kommen sollte, zu Ende dieses Monats und Anfangs Juny. Für den Roggen ist wohl der 8te September und für den Weitzen der 15te als Mittelzeit anzunehmen.

Arbeiten des Zugviehes.

Mit Beziehung auf den vorausgesetzten Boden, will ich nun die Sätze angeben, nach welchen ich bei unserer Wirthschaft die Arbeiten des Zugviehes kalkuliren werde.

Für

Für den Pflug bestimme ich den Ochsen, für die Egge und den Wagen das Pferd. Beide Theile unterstützen und helfen sich aber dann, wenn eine verspätete Arbeit nachgehohlt, oder eine jetzt sehr passende beschleuniget werden soll, indem ein Verzug Schaden bringen würde; — dann kann ein Theil der Pferde auch den Pflug, oder ein Theil der Ochsen den Mistwagen ziehen.

Den Gebrauch der Wechselochsen halte ich für gut und löblich, ungeachtet ich weiß, daß in vielen Gegenden außer der Mark, die Ochsen durch gute Fütterung in den Stand gesetzt werden können, daß sie vor- und nachmittags den Pflugs ziehen. Letzteres geht immer sehr langsam und greift den Ochsen mehr an, als wenn er im Wechsel stehet. Der Pflug steht hier den ganzen Tag wenig still, weil die Pflugknechte nicht auf die Fütterung der Ochsen warten dürfen. Daher wollen wir der bessern Fütterung des Ochsen ungeachtet, Wechselochsen berechnen, und zwar auf Einen Pflug 6 Stück. Da jedoch in leichterm Boden auch 4 Stück hinlänglich wären, so wollen wir auf die leichtere Fahren nur 4 Stück annehmen, wenn die Arbeit beschleunigt werden soll, indem dann mit 12 Ochsen 3 Pflüge bespannt werden können. Wir wollen aber dieses nicht als Regel, sondern nur als Sache des Nothfalls annehmen, und also bei unserer Rechnung immer 6 Stück Wechselochsen auf Einen Pflug zum Grunde legen, und das Stück, nach dem jetzigen Mittelpreise des Einkaufs guter Ochsen, mit 50 Rthlr. in Anschlag bringen. Pferde werden auf Ein Gespann 4 Stück, jedes zu 100 Rthlr. im Einkauf gerechnet.

Der Erfahrung zu Folge kann ein Pflug mit 6 Wechselochsen täglich im Durchschnitt $2\frac{1}{2}$ Morgen umpflügen. Das Mehr oder Weniger hängt theils von der Schwierigkeit des Pflügens ab, wie z. E. in aufzureissender Kleestoppel; theils aber auch von der Tageslänge. Daher könnten folgende Sätze ihre Anwendung finden. Mit Wechselochsen können gepflügt werden täglich:

im Frühlinge $2\frac{1}{2}$ Morgen
im Sommer 3 —
im Herbste *) 2 —

Theilen wir daher das Jahr in 4 Epochen, so wird die Zeit zwischen der frühesten und spätesten Aussaat des Sommerkorns, zwischen den 25sten März und letzten May fallen. Wir haben hier, mit Abzug der Sonntage,

*) Herr Thaer sagt: „Dies ist auf zähen Boden viel im Durch„schnitt und kann meines Erachtens, nur bei gunstiger Witte„rung geschehen." Bei solchen Fällen müssen wir auf die Mitwirkung der Pferde rechnen; übrigens gründen sich die angenommenen Sätze auf meine Erfahrung, und Sr. Durchlaucht der Herzog Friedrich sagt in der gedachten Fortsetzung dieser Abhandlung S. 81: „Ich gestehe, daß mir dieses wenig scheint, „wenn nicht von strengem Lehmboden die Rede ist" Sr Durchlaucht berechnen im Verfolg dieses Urtheils, daß mit 6 Ochsen in Preußen weit mehr prästirt wird. Ich gehe also mit meinen Angaben zwischen beiden verehrungswerthen Schriftstellern durch, und schlage demnach gewiß die Mittelstraße ein, der ich auch überall gefolgt bin.

ge, 57 Arbeitstage. Es kann daher in dieser Epoche mit einem Pfluge eine Anzahl von 142½ Morgen beendigt werden.

Die zweite Epoche begreift die Zeit zwischen dem Ende der Sommersaat und dem Anfange der Wintersaat, nehmlich vom Anfang Juny bis Ende August. Da diese Zeit weniger mit Pflugarbeiten, als mit Erndtegeschäften angefüllt ist, so wollen wir auf dieses Vierteljahr nur 25 Arbeitstage annehmen. In dieser Zeit können auch mit einem Pflug sehr füglich 75 Morgen umgebrochen werden. Sollten in dieser Periode aber mehrere Pflugarbeiten eintreten, und die Zeit dazu durch die Erndte-Kollisionen verkürzt worden seyn, so müssen die Pferde auf einige Tage in den Pflug genommen werden, oder wenn dieses nicht angeht, so muß wenigstens Einer oder zwei von den Pflugknechten von der Beihülfe in der Erndte dispensirt und dem Pfluggeschäfte allein gewidmet werden. In den meisten Fällen wird diese Einrichtung aber nicht nöthig seyn.

Die dritte Epoche fängt sich mit dem September an und dauert bis zur Mitte des Novembers; also vom Anfang der Wintersaat bis zum Ende aller diesjährigen Pflugarbeiten. Es ist dies ein Zeitraum von 63 Tagen, nach Abzug der Sonntage, die zur Ruhe bestimmt sind. In diesen Tagen kann mit einem Pfluge auch ganz füglich eine Anzahl von 126 Morgen umgerissen oder zur Saat bereitet werden.

In

In der vierten Epoche ruhet der Ochse, oder wird wenigstens nur zu häuslichen Fuhren, oder zu nahen Mistfuhren den Winter hindurch gebraucht.

Daß man auf einen Pferdepflug einen halben Morgen täglich weniger rechnen muß, als auf einen Wechselochsenpflug, darf ich hier nur beiläufig erinnern, weil sie für Wagen und Egge hauptsächlich geeignet sind, und nur im Fall der Noth den Ochsen helfen müssen. Keine Arbeit hängt mehr von der Beschaffenheit des Bodens, der vorhergegangenen Pflugart, und den Gesetzen der Witterung ab, als das Eggen; bei keinem Geschäfte ist aber auch so viel Accuratesse und Sorgfalt nöthig, als bei diesem. Ich setze diese Kunst bei meinen oeconomischen Lesern voraus und wollte eigentlich nur so viel sagen, daß ich mich fürchte, bei dieser Arbeit einen Durchschnittskanon anzugeben. Weder die Zahl der Arbeitstage kann genau bestimmt werden, weil die Witterung weit günstiger koncurriren muß, als beim Pflügen, noch auch die Größe des Flächeninhalts, weil man sich unter verschiedenen Umständen leicht um die Hälfte verirren kann. Gewöhnlich rechne ich im Frühling auf 4 Pferde, die in der Runde herum 4 hölzerne Eggen ziehen, täglich 16 bis 24 Morgen; demnach wäre der Durchschnitt 20 Morgen. Da man aber nicht alle Tage eggen kann, wenn man auch recht gut zu pflügen im Stande ist, so werde ich auf 4 Wechselochsen Ein Gespann Pferde zur Egge rechnen, damit die versäumten Arbeiten gut nachgeholt werden können. Dieses Gespann kann aber in den Zwischenzeiten zu Mistfuhren und dergleichen gebraucht werden. Die Mistfuhren werden bekanntermaßen in großen Wirthschaften, mit Wechselwagen verrichtet, damit die Arbeit beschleunigt werden kann. Ich habe, um diese Arbeit mit mehrerer Ordnung verrichten zu können, breterne Kasten, in welche 60 Kubickfuß Mist geladen werden kann, verfertigen lassen. Wenn die Breter gut gefugt sind, und die Klappen die des Abladens wegen nöthig sind, gut einpassen, so gehet während des Ausfahrens nichts von der Jauche verloren, und man rettet also einen vorzüglichen Beitrag zur Fruchtbarkeit. Da diese auch im Wechsel vorhanden sind, so fahre ich bei nicht allzu weiter Entfernung

im Herbste	8	bis	9	Fuder
im Winter	7	—	8	—
im Frühling	10	—	12	—

Die mittlere Zahl wäre also auf Ein Gespann täglich 9 Fuder, oder 540 Kubickfuß Mist.

In der Erndte können nach Herrn Grafen von Podewils, 4 Hofpferde mit einem Wechselwagen in der Scheune im Durchschnitt 100 Mandeln täglich einfahren. Dieses stimmt auch ganz mit meiner Erfahrung überein. Will man die Arbeit aber noch mehr beschleunigen, so kann man auf dem Felde einen Wechselwagen, mit zwei Ochsen zum Besserzufahren bespannt, anbringen. Da die Pferde nun nicht auf

das

das Aufladen warten, sondern nur vorgelegt werden dürfen, so ist dieses eine große Hülfe bei mißlicher Erndtewitterung. Erbsen, Wicken und Heufuhren können, wenn ein Wechselwagen auf dem Felde und einer in der Scheune ist, täglich 8 bis 10 mit Einem Gespann verrichtet werden. Wenn zwei oder drei Gespann in einer Tour einfahren, so hat man noch überdies die Ersparniß von ein oder zwei supercompleten Wechselwagen, je nachdem man in der Scheune allein, oder auch im Felde vorhängen läßt; auch hat man nicht mehrere Menschen beim Auf- und Abladen nöthig, wenn das Getreide auf Einem Acker aufgeladen und in Einer Scheune abgeladen wird. Solcher Vortheile giebt es bei größern Oeconomien unendlich viele.

Ich komme nun auf die Getreide- und Marktfuhren. Es läßt sich aber über diese am allerwenigsten ein wirthschaftlicher Durchschnitt angeben, da die verkäuflichen Getreidevorräthe eben so verschieden, als die Entfernungen der Markstadt sind. Ich rechne auf einen vierspännigen Wagen 25 Scheffel, und auf 8 bis 10 Meilen Entfernung 4 bis 5 Tage. Ich will hier nur noch eines Mißbrauchs gedenken, der in unserer Mark sehr gemein und schädlich ist, nehmlich die Geschwindigkeit, mit welcher die Reiseknechte ihren Transport gewöhnlich zu fahren pflegen. Für die Pferde würde es viel vortheilhafter seyn, den Wagen um die Hälfte schwerer zu beladen und langsamer nach Berlin zu fahren. Am allergefährlichsten ist die Ambition,

mit

mit welcher die Reiseknechte einander vorzukommen und auszustechen suchen. Diese Gewohnheit, die zu verhindern nicht von dem Befehl und Willen einer einzelnen Herrschaft abhängt, kann nur durch obrigkeitlichen Befehl, auf der Landstraße mit belasteten Wagen langsam zu fahren, oder widrigenfalls sich einer Polizei-Strafe zu unterziehen, gehoben werden. Unter den jetzigen Umständen ist dieses nicht wohl möglich, weil andere Verhältnisse, nehmlich die Dienste der Unterthanen, dagegen sind. Da letztere sich nicht mehr aufladen lassen, als ihre Dienstvorschriften besagen, so würde die kleine Last, die sie zu fahren verpflichtet sind, der längern Zeit, die sie auf dem Wege zubringen müßten, nicht entsprechen. Der Leser verzeihe mir diese Episode, die nur bei Aufhebung der Unterthanendienste einer weitern Auseinandersetzung bedarf.

Benöthigte Menschenzahl.

In unserer vorliegenden Wirthschaft kann unstreitig eine weit grössere Menschenzahl durchs ganze Jahr beschäftiget werden, als in der Dreifelderwirthschaft, wo es hauptsächlich nur in der Erndte Verdienst für den Tagelöhner giebt. Indessen rechne ich auch hier darauf, daß man die große wirthschaftliche Regel nicht außer Augen setze: Führe deine Wirthschaft auf die einfachsten, aber

vollkom-

vollkommensten Grundsätze zurück, damit du nicht durch zu vielerlei Kleinigkeiten das Wichtigste versäumest. *) Es giebt Wirthschaften, niemand wird sie weit suchen dürfen, die dadurch, daß sie ein nützliches Allerlei seyn sollen, ein nützliches Garnichts sind. Man will jede Frucht bauen und jedes Thier erziehen, das nur irgend im Hause gebraucht werden kann. Man will von allem Nutzen ziehen, und hält daher Pferde, Ochsen, Kühe, Schaafe, Schweine, Gänse, Enten, Hühner, Tauben, Kaninchen und Ziegen, zieht um den Abgang der Alten zu ersetzen, von allen diesen Viehraçen Junge auf, befleißiget sich zugleich auch der Mastung, so viel es möglich ist, und was hat man am Ende? Wenig reinen Vortheil. Die Erziehung des Viehes, die Haltung und Benutzung des Alten und die Mastung, erfordern alle eigne Kenntnisse und eigne Leute, eigne Stallung und eigne Behandlung, und daher gewähret keine einzige Branche den gehofften Gewinn. Was bleibt von dem Gewinn einer Zuchtschäferei von 600 Stücken übrig, wenn man dazu, wie es sich gebühret, 3 bis 4 Knechte und wohl gar noch einen Schäfer halten soll. Man rechnet für die Beköstigung jeder Person 35 Rthlr. und anstatt des Lohns, den Ertrag von 50 bis 60 Stück Schaafen.

*) Herr Thaer sagt: „Diese Regel kann angehenden Oekonomen „nicht genug empfohlen werden, besonders solchen, welche die „Oekonomie aus sogenannten Handbüchern erlernet oder gar auf „Universitäten Collegia darüber gehört haben.“

Schaafen. Was bleibt dann dem Besitzer? Eben so ist es auf dem Felde. Man bauet in einer und derselben Wirthschaft Getreide aller Art, Toback, Flachs, Rübsen, Hanf, Hopfen, Kleesamen und allerlei Gartengewächse, das Land mag sich zum Anbau derselben schicken oder nicht. Man jagt seine Leute von einem Acker zum andern, von dieser Arbeit zu jener, und verliert bei diesem zerstreuenden Quodlibet die Hauptsache aus den Augen. Das ist nicht die Einheit, die den Zwecken der Oeconomie so vortheilhaft ist. Warum soll denn schlechterdings jede Oeconomie einer kleinen Kaufmannsbude ähnlich seyn, wo man nach allem fragen kann? Warum will der Oeconom nicht dem Kaufmann im Großen nachahmen, oder seine Wirthschaft nach den Grundsätzen des Fabrickenwesens einrichten. Wenn jeder Wirth auf seinem Acker das im Großen bauet, was sich für seine Localität am besten schickt; wenn derjenige nur Kühe hält, für dessen Lage diese Viehnutzung den besten Ertrag verspricht; wenn einer Kleesaamen im Großen, der andere Hanf und der dritte Rübsen als Hauptbranche neben Getreide erziehet, und wenn dabei, außer dem nöthigen Zugvieh, der eine hauptsächlich Schaafe erziehet, der andere Rindvieh, der dritte Pferde, und ein vierter sich besonders auf Mastungen legt, und das dazu nöthige Vieh von andern erkauft, so muß der Staat eine weit vollkommnere Production erhalten, die wegen des damit verbundenen wechselseitigen Betriebs und Handels dem Ganzen und dem Einzelnen gleich einträglich ist.

ist. Können mehrere Branchen im Großen vereiniget werden, so schadet auch dieses nicht, nur vom nützlichen Allerlei mag ich nichts wissen, und rechne bei meiner Wirthschafts-Darstellung nicht darauf. Ich nehme im Gegentheil an, daß sich für diesen schweren, zur fetten Weide passenden Boden, die Etablirung einer Kuhmelkerei und Ochsenmastung am besten schickt. Es fällt also das Personale, so für die Schäferei erfordert würde, hinweg, indem ich diese hauptsächlich auf leichten Boden versetzt zu sehen wünsche, oder dahin, wo viele Weidetriften in Wäldern sind, oder auch auf sehr große Güter. Jedoch will ich auch zeigen, daß wenn gewisse Umstände die Kuhmelkerei unmöglich machten, eine Hammelschäferei eben so gut einzurichten und zu benutzen seyn würde. Klee- und Grassaamen will ich nicht bauen, sondern die Erzielung desselben andern Gütern überlassen, die ihn nach ihrer Wirthschaftseinrichtung im Großen bauen, und eigne Leute, Instrumente, Gebäude und Vorrichtungen dazu anschaffen mögen, unter deren Voraussetzung der Anbau desselben und die Reinigung des Saamens allein vollkommen bewerkstelliget werden kann. Diese Wirthschaften mögen einen ganzen Schlag anfüllen, und wir wollen ihnen ihren Ueberfluß abkaufen, damit man unsere Wirthschaft kein Quodlibet nennen könne.

Es ist demnach zum vollkommnen Betriebe einer solchen Wirthschaft nöthig:

1) ein Oeconom;

2) eine

2) eine Ausgeberin;
3) eine Meierfamilie;
4) ein Ochsenhirte;
5) ein Kuhhirte;
6) ein Hofknecht;
7) eine Hausmagd;
8) ein Knecht auf 4 Pferde;
9) ein Knecht auf 6 Ochsen;
10) ein Viehmädchen auf 20 Kühe;
11) ein Drescher auf 500 Mandeln Getreide;
12) eine Planteurfamilie auf 10 Morgen behackte Brachfrüchte.

In der Erndte werden gerechnet auf eine Person täglich:

zum	Abmähen	der Erbsen und Wicken	2	Morgen
—	—	des Weitzens u. Roggens	3	—
—	—	der Gerste und des Habers	4	—

Zum Sammlen und Aufbinden gehört die doppelte Anzahl der Mäher, und zum Aufladen und Tassen die Hälfte der Anzahl der Mäher; jedoch ohne die Pferdeknechte mit hinzu zu zählen. Man kann auf die Wikken- und Getreideerndte 1½ Monat rechnen, oder mit Ausschluß der Sonntage und derjenigen Tage, wo schlechter Witterung wegen weder gemähet noch gebunden werden kann, 30 Tage. Die Anzahl der benöthigten Menschen muß also so bestimmt werden, daß binnen 30 Tagen die Vollendung der Heu- und Getreideerndte geschehen kann.

Getrei-

Getreide- und Futter-Gewinn.

Vorausgesetzt daß eine Wirthschaft einmal auf diesen Fuß eingerichtet und in eine solche Düngung versetzt worden ist, wird wohl so leicht kein practisch denkender Oeconom einen hohen Körnergewinn im Getreide ableugnen, und ich glaube, daß nur ein Mitteljahr dazu gehört, um vom Weitzen, Roggen und Gerste das achte Korn, von Erbsen und Wicken das sechste, und vom Haber das fünfte von der Einsaat zu gewinnen. Nur das Stroh, das liebe Stroh, wo das herkommen soll, um so viel Vieh zu ernähren, das sieht mancher Wirth nicht ein. *) Wie es zugeht, daß man in einer solchen Wirthschaft Ueberfluß an Stroh haben könne, mögen diejenigen beurtheilen, die es einsehen, daß man um so viel mehr Stroh an der Futterung ersparen könne, als man andere Futterungsmaterialien an die Stelle des Strohes dem Viehe vorlegen kann. Ueberdies habe ich nicht nöthig, viel Stroh deshalb in den Mist zu streuen, weil ich dadurch die Größe meines Misthaufens vermehren will,

*) Herr Thaer sagt bei dieser Stelle in seiner kritischen Beurtheilung S. 377. „Bei Weidewirthschaft wird, glaube ich, Niemand dem Verfasser den Einwurf machen, daß es bei seiner Wirthschaft an Stroh fehlen werde; bei Stallfütterung eher, obgleich meiner Ueberzeugung nach, auch ohne Grund. Einstreuen wird er besser können, als er nachher annimmt: täglich 2 Pfund pro Stück."

will, wie dies viele Wirthe, wenigstens vor Weihnachten, zu thun pflegen. Um solchen magern strohigen Mist bin ich wenig verlegen, da ich schon jetzt weit mehr ausdüngen kann, als ehemals geschah, ungeachtet meine Wirthschaft noch lange nicht zu der Vollkommenheit gediehen ist, die ich ihr nach und nach zu geben gedenke. Doch ich spreche nicht mehr von mir, die künftige Erfahrung wird vielleicht ein kräftigeres Wort reden; nur sey es mir erlaubt, hier beizufügen, was Herr Thaer bei gleicher Veranlassung in den Niedersächsischen Annalen im 2ten Stücke des 3ten Jahrgangs S. 303 sagt:

„Ihr erster und anscheinendster Einwurf ist der: Es „fehlt an Stroh. Ich kann mich auf Ihre Berech„nung nach Bunden, Schocken und Stiegen nicht „einlassen, da diese fast in jedem Dorfe und in je„dem Jahre von verschiedener Größe oder Gewicht „gemacht werden. Das Gewicht kann hier allein „entscheiden, wenn etwas Allgemeingültiges heraus„kommen soll. Nun habe ich gerade jetzt über das „Gewicht des Strohes genaue Untersuchungen in an„derer Rücksicht anstellen lassen, und kann also mit „Zuversicht darüber reden. Mein mittelmäßiger Rog„gen, der vom Froste im May beträchtlich beschädi„get war, hat mir in diesem Jahre im Durchschnitt „2150 Pfund Stroh vom Morgen gegeben. Mein „bester unbeschädigter Roggen, der so war, wie ich „ihn sonst gewöhnlich habe, gab nicht mehr. Ich „will aber nicht nur jenen als Mittelertrag, sondern

„gar

„gar nur 2000 Pfd. vom Morgen annehmen. Wir „haben also 250,000 Pfund Roggenstroh von 125 „Morgen. Denn ich behalte Ihren Ansatz von 600 „Morgen Kalenbergisch für die ganze Wirthschaft bei.

„Von meinem diesjährigen Ertrage des Gersten„strohes schweige ich gern ganz still, weil Sie und „andere, die keine nach der alle vier Jahre gemiste„ten Brache gebauete Gerste kennen, es unglaublich „finden werden. Allein ich muß bei der Wahrheit „bleiben, und so sage ich Ihnen denn auf Ehre, daß „nach einer genauen und sorgfältigen Abwägung sich „ergeben hat, daß ich von 2 Morgen breitwürfiger „Gerste 4230 Pfund Stroh, vom Morgen also „2115 Pfund erhalten habe. Darauf ist zwar im „Durchschnitte nicht zu rechnen, allein 1500 Pfund „kann ich von der Gerste, merken Sie wohl, von „der Gerste in diesem Futterwechsel, — sicher an„nehmen.“

Es ist wahr, Herr Thaer nimmt hier einen starken, und bei der Dreifelderwirthschaft gewiß seltenen Strohgewinn an. Allein, wer kann ihn diesem Manne, den wir bis jetzt nur von Seiten seiner Wahrheitsliebe kennen, geradezu ableugnen? Bei seiner Durchschnittsangabe, nach welcher er den Roggen pro Morgen zu 2000 und die Gerste zu 1500 Pfund rechnet, wollen wir annehmen, daß er nicht bloß das Langstroh, sondern überhaupt alle strohige Theile an Kaff, Ueberkehr und Kurzbund rechnet. Um das Verhältniß dieser Theile gegen einander, und überhaupt den Strohgewinnst in unserer Gegend genauer bestimmen zu können, habe ich von mittelmäßig gerathenem Getreide zur Probe dreschen und durch das Gewicht das gegenseitige Verhältniß bestimmen lassen. Ich habe die Resultate auf Einen Scheffel von jeder Getreideart reduzirt, und theile sie so meinen Lesern mit:

Verhältniß des Getreides zum Stroh.

Getreidearten.	Garben.		Ausgedroschene Körner.	Stroh.	Ueberkehr.	Kaff.		Kurzbund.
	Zahl	Pfd.	Pfd.	Pfd.	Pfd.	Pfd.	Metze	Pfd.
1 Scheffel Weitzen	12	281	90	134	20	12	18	14
1 Scheffel Roggen	12	277	84	168	7	8	7	9
1 Scheffel Gerste	10	196	75	85	14	12	13	9
1 Scheffel Haber	8	136	50	72	4	4	8	4

Es wiegen folglich 12 Weitzengarben 281 Pfund; davon ist ausgedroschen worden 1 Scheffel Weitzen, welcher 90 Pfund wog. Das Langstroh davon wog 134 Pfund, das Ueberkehr 20 Pfund, der Kaff à 18 Mezzen wog 12 Pfund und das Kurzbund 14 Pfund. Herr Thaer führt in Bergens Viehzucht in einer Anmerkung S. 488 eine ähnliche Untersuchung an:

„Ein in oeconomischen Anschlägen und Berechnungen sehr erfahrner und mathematisch genauer Mann, „hat nach vielen angestellten Untersuchungen ausgemittelt, daß in solchen Jahren, die man sowohl in „Stroh

„Stroh als Kornerndte unter die mittlern zählt, das „Gewicht des Roggenstrohes zum Roggen sich ver„halte, wie 100 zu 39.

Meine Untersuchungen stimmen also nicht ganz mit diesen überein; ich überlasse es aber anderweitigen Prüfungen, ob sich hieraus etwas Allgemeines folgern lasse. Meiner angegebenen Berechnung nach, verhält sich das Gewicht des Weitzens und Roggens zum Stroh, wenn man zu diesen auch das sogenannte Scheunfutter, nehmlich Kurzbund, Kaff und Ueberkehr rechnet, wie 1 zu 2; das Gewicht des Sommerkorns aber zum Stroh, wie 2 zu 3. *) Wich-

---

*) Herr Thaer sagt in seiner kritischen Beurtheilung S. 378. „Ungefähr ist das Verhältniß des Strohes zum Getreide, wel„ches der Verfasser gefunden hat, mit dem meinigen doch gleich. „Ich habe 24 Himbten à 46 Pfund Rocken vom Morgen in dem „Jahre; Gerste 30 Himbten ungefähr. Die in Bergens Vieh„zucht angeführte Bemerkung über das Verhältniß des Rocken„strohes zum Korn, wie 100 zu 39, rührt von unserm würdigen „Herrn Ober-Landes-Oekonomie-Commissarius Meyer her, „der selbige jetzt selbst in seinem Werke über Gemeinheits-Thei„lungen S. 128 bekannt gemacht hat. Desselben Versuche sind „aber auf unseren ziemlich unreinen Bauer-Aeckern, wo drei „Jahre nach einander Roggen gebauet, statt der Brache aber „Buchweitzen gesäet wird, gemacht, und das Stroh ist gewöhn„lich mit vieler Grasung durchwachsen; daher wird dieß Verhält„niß bei reinem Rocken, der reich an Körnern ist, wohl nicht „zutreffen."

In einem Auszuge des eben erwähnten Werkes, welches S. 364—375 des 5ten Jahrg. 4ten Stücks der Niedersächsischen Annalen enthalten ist, wird man mehr Licht über diesen Gegenstand erhalten.

Wichtiger und vielleicht allgemeingültiger ist das in der Tabelle angegebene Verhältniß zwischen dem Langstroh und dem davon beim Dreschen abgegangenen Scheunfutter. Weitzen und Gerste liefern die meisten Dreschabgänge. Das Stroh verhält sich von beiden zusammengenommen, zum Scheunfutter, wie 3 zu 1. Hingegen beim Roggen und Haber zusammengenommen, wie 13 zu 2. Auf die Staubtheile, die beim Dreschen und Fegen abgehen, habe ich hier nicht Rücksicht genommen; sie kommen der Schweinzucht zu Gute. Es ergiebt sich endlich hieraus folgende Bestimmung der strohigen Theile einer Garbe. Es wiegt nehmlich das Langstroh und das Scheunfutter einer Garbe

beim Weitzen 15 Pfund
beim Roggen 16 —
bei der Gerste 12 —
bei dem Haber 10½ —

Das Stroh von Erbsen und Wicken, die zur Saamenreife gekommen sind, rechne ich der Gerste gleich, da ich darüber nicht besondere Untersuchungen angestellt habe. Hingegen von Wicken zu Heu nehme ich meiner Erfahrung nach pro Morgen 1 Fuder à 2000 Pfd. an.

Darnach läßt sich ohngefähr berechnen, wie viel Bunde zu 1 Scheffel Häcksel erforderlich sind. Ein Scheffel

grobes Ochsen- und Kuhhäcksel wiegt 9 Pfund;
feines Pferdehäcksel 9½ Pfund;
von Heu 8 bis 9 Pfund.

In

In unserer Berechnung wollen wir beim Wintergetreide pro Morgen 1600 Pfund und beim Sommergetreide 1200 Pfund annehmen, so werden wir, der Erfahrung nach, den Mittelweg einschlagen.

Die Erndte der behackten Wurzelgewächse wollen wir auf gut gepflügtem und stark gedüngtem Lande pro Morgen bestimmen:

150 Scheffel Wasserrüben oder Turnips;
130 — Runkeln;
100 — Kartoffeln.

Ich rechne aber bei der Bearbeitung dieser Früchte auf eine vollkommen gute Pflege. Ich habe angefangen, bei meinen behackten Früchten, die von Herrn Thaer angegebenen Regeln zu beobachten, und habe mich wirklich weit besser dabei befunden. Die Versuche sind jedoch noch nicht in der Art berichtiget, als daß ich jetzt schon davon Rechenschaft geben könnte. Der Scheffel solcher behackter Wurzelgewächse wiegt circa 100 Pfund.

Fütterungsmethode. *)

Ich habe schon vorhin erwähnt, daß es für den reinen Gewinn aus einer Wirthschaft viel nützlicher seyn würde, wenn nicht so vielerlei Vieh gehalten würde, und wenn man nicht so vielerlei Endzwecke mit demselben erreichen wollte. Die Aufziehung von jungem Vieh für den Wirthschaftsbedarf, an Pferden, Ochsen, Kühen, Schaafen, Schweinen, Gänsen u. s. w. hat zwar deshalb einen Anschein von Nützlichkeit, weil das selbst erzogene Vieh immer am besten an Ort und Stelle zu gedeihen pflegt. Wenn aber alle diese Viehraçen erzogen werden sollen, und die Erziehung derselben nicht als Zweck, sondern als Mittel, oder vielmehr als nothwendiges Uebel betrachtet wird, so sind die Kosten der Erziehung meistentheils viel erheblicher, als der Werth des erzogenen Viehes. Von jeder Art kann, nothwendiger Weise, jährlich nur eine sehr kleine Anzahl erzogen werden, und jede hat ihre eigene Stallung und ihre eigene Fütterung zum Bedürfniß. Daraus kann aber weiter nichts, als Zerstreuung der dazu nöthigen Leute in

---

*) Die hier angegebene Fütterungsmethode ist zwar allerdings nach Umständen einer Veränderung fähig; allein da sie sich auf die folgende Berechnung bezieht, so mußte hier etwas bestimmtes, sowohl der Art, als dem Maaße nach angenommen werden.

in Hinsicht der Arbeit, Zeitverderbniß und Mangel an stets nöthiger Aufsicht folgen, als welche besonders bei jungem Vieh die größte Aufmerksamkeit des Wirths, der doch auch andere Geschäfte hat, erfordert. Es hat überdies die Aufziehung einer jeden Art von Vieh ihre eignen Vortheile, die, wenn sie nicht beobachtet werden, die Kosten der Erziehung sehr vertheuern. Wenn auch der Wirth *) alle diese Vortheile selbst versteht, so hat er oft nicht Leute, die dieselben verstehen, und diese sind es doch eigentlich, die die Vortheile und Handgriffe anwenden und in Ausübung bringen sollen. Der Geschäfte sind, weil die Erziehung des jungen Viehes nur Nebensache ist, zu viele, als daß man sich besonders dazu geschickte Leute kommen lassen oder anlernen lassen könnte. Daher lehrt auch die Erfahrung, daß wir im Ganzen genommen, in der Erziehung des jungen Viehes noch sehr zurück sind. Pferde, Zugochsen, Milchkühe und Masthammel haben meist schon das beste Futter weggenommen, weil der Wirth diese entweder absolut nöthig hat, oder weil er sich von diesen zunächst reinen Vortheil verspricht. Wenn es fehlt, so fehlt es am jungen Vieh, wenigstens bei kurzsichtigen Wirthen, die es nicht bedenken wollen, daß von der

*) Besonders wenn er durch andere Berufsgeschäfte abgehalten wird, täglich auf allen seinen Wirthschaften zu seyn; wie ich aus einer eigenen theuer erkauften Erfahrung weiß.

der Erziehung des jungen Viehes ein großer Theil der Nutzung abhängt, die man in der Folge davon ziehen will. Alle diese Uebel würden wegfallen, wenn sich einige Wirthschaften, die sich besonders dazu qualifizirten, die Erziehung dieser und jener Art von jungem Vieh angelegen seyn lassen wollten. Diese würden dann dieses Vieh in besondere Aufsicht nehmen, gute Leute anstellen und alles beitragen, um ihrem Vieh Ansehen, Werth und innere Güte, sowohl in Hinsicht einer edlen Raçe, als auch der besondern Beschaffenheit desselben, zu geben, weil ihre Nachbarn nur in dem Verhältnisse das Kaufgeld entrichten würden, als ein Vieherzieher den andern durch gute Waare zu übertreffen suchet. Wie theuer bezahlt aus diesem Grunde der englische Viehzüchter den schön gebauten Hengst, den gutgearteten Widder und den Stier, der seinen Wünschen entspricht.

Allein, fremdes Vieh von guter Raçe hat bei uns nicht Art, sagt der gemeine Landwirth. Darauf will ich nur kurz antworten: Gieb dem fremden Vieh nur gutes Futter und laß ihm die Wartung und Pflege angedeihen, die ganz seiner edlern Herkunft entspricht, so wirst du dich bei diesem Vieh gewiß nicht betrogen finden, wie Beispiele mehrerer Orte hinlänglich beweisen. Ich verlange aber auch nicht einmahl, daß jeder Wirth nach Ostfriesland, nach der Schweitz und nach Spanien schicken und fremdes Vieh sich einkaufen soll. Auf dies soll der Wechselwirth sich nicht unmittelbar

einlassen,

einlassen, sondern die Abkunft davon, die in der Nachbarschaft erzogenen jungen Kühe und Ochsen, Schaafe und Pferde soll er kaufen, acht bis zehn Jahre benutzen, und dann, wenn Mastung sich für ihn nicht schickt, demjenigen verkaufen, der Ochsen, Kühe und Hammel zu mästen, für sich am vortheilhaftesten findet. Jeder kaufe und ersetze dann den Abgang seines Viehes durch solches, welches auf einer Wirthschaft erzogen ist, die mit der seinigen die größte Aehnlichkeit hat. Der Wirth auf Sandboden hat ja nicht nöthig, aus der fettesten Weide sein Vieh herzuholen, sondern er kauft und verkauft, wie es seiner Erfahrung nach am dienlichsten ist. Unsere Hammelschäfereien, die vormals gar nicht üblich waren, und jetzt fast zu allgemein eingeführt werden, beweisen ja hinlänglich, daß eine solche Absonderung der verschiedenen Endzwecke auch bei uns möglich ist; und unsere Holländereien dienen fast zu einem gleichen Beweise. England, das mit der Mark, in Hinsicht des Sandbodens, und auch zum Theil des Torf- und Lehmbodens, die größte Aehnlichkeit hat, beweist die Möglichkeit zu sehr, als daß ich noch länger über eine Sache sprechen dürfte, bei der nur derjenige Bedenklichkeiten findet, der Bedenklichkeiten sucht und zu ängstlich ist, um etwas als wahr zu finden, was nicht in der Bibel seiner Erfahrung, die sich oft nur kaum auf tausend Schritte ausserhalb seines Wirthschaftsbezirks erstreckt, geschrieben steht. Gewiß er würde sich besser dabei befinden, gut erzogenes schönes Vieh zu kaufen,

als

als sein in der Erziehung verdorbenes und verkrüppeltes Vieh zum Zuge und zur Milchnutzung aufzustellen, und das Futter zwischen diesem und dem neuen Jungvieh zu theilen. Während dessen er hier das Ankaufsgeld für junges Vieh selbst verdienen will, hat er durch das zerstückelte Interesse nur Schaden, und daher kommt eben die allgemeine Uebereinstimmung, daß die Erziehung des jungen Viehes mehr koste, als das Vieh werth sey. Da man um so weniger Nutzvieh halten kann, als man sich zugleich auf die Erziehung des jungen Viehes und auf die Mast des alten legt, so kann weder die eine noch die andere Branche sich hinlänglich verinteressiren.

Wenn ich aber bei dem Betriebe der Wechselwirthschaften annehme, daß jede derselben sich hauptsächlich entweder mit der Erziehung von jungem Vieh, oder mit Milchnutzung, oder mit der Mastung beschäftigen solle, so verlange ich keinesweges, daß dieses gleich im Anfange schlechterdings nothwendig wäre.

Bevor diese Art zu wirthschaften eine gewisse Allgemeinheit bekommen hat, kann man nicht Rechnung machen, sein junges Vieh aus guten Viehzüchtereien anzukaufen; denn für das gewöhnliche ausgemärzte Landvieh sage ich den ergebensten Dank. So lange müssen wir uns also dem nothwendigen Uebel, unser Vieh selbst anzuziehen, unterwerfen, und auf bessere Zeiten hoffen, wo mehrere gute Wirthe, gleich den Arbeiten in einer Fabrik, sich in die Hände wirthschaften und jeder nach

seiner

seiner besten Kenntniß und seiner Localität das seine dazu beiträgt. Würde man dabei nach den Regeln des scharfsinnigen englischen Viehzüchters Backewell verfahren, durch deren treue Befolgung es ihm zu seiner Zeit gelang, das mastfähigste Rind- und Schaafvieh zu erziehen, und demselben fortwährend diejenige Form zu geben, welche dem National-Geschmack am angemessensten war, so glaube ich, würde es uns nicht fehlen können, sehr bald mit diesem Zweige der Industrie aufs Reine zu kommen, zumal da es uns jetzt gar nicht mehr an Individuen unter den Hauptarten des Viehes mangelt, von denen sich bei einer klugen Auswahl und fortschreitenden Veredelung, etwas Vollkommenes nach den verschiedenen Entzwecken erwarten läßt. Herr Thaer macht uns einige Hoffnung, eine vorzügliche Pferde- und Rindvieh Raçe zu bilden, und auch ich beschäftige mich damit, eine gute dauerhafte Pferde-Raçe und zwei besondere Raçen vom Rindvieh nach den Backewellschen Grundsätzen zu erziehen. Es haben mir auch zwei scharfsichtige Reisende, welche mich im Herbst vorigen Jahres mit ihrem Besuch beehrten, und die sich seit verschiedenen Jahren in England, Frankreich und Nordamerika aufgehalten, daselbst neben andern Zweigen der Oeconomie hauptsächlich die Viehzucht studirt und sehr interessante Bemerkungen darüber gesammelt, auch selbst während der Zeit von verschiedenen Pferde- und Rindvieh-Raçen mehrere Stück nach Ostpreußen gesandt hatten, die

Hoffnung

Hoffnung gemacht, daß aus meinen Stämmen bei fortgesetzter Aufmerksamkeit, etwas Gutes hervorgehen könne. Da ich aber zu jedem Stamm nur erst ein Paar habe, so muß freilich noch einige Zeit hingehen, ehe ich etwas Bedeutendes dadurch erhalten kann; inzwischen wenn man nie im Kleinen anfangen will, so bleibt es gar beim Alten. Mehr erwarte ich für die Zukunft von den Bemühungen dieser Reisenden um die Veredelung der Viehzucht; theils weil sie gute Raçen aus England geschickt haben, unter denen besonders die neue Herefortschiersche Rindvieh-Raçe, die in neuern Zeiten sogar die Backewellsche verdrängt oder ihr doch wenigstens den Rang streitig gemacht hat, glänzt; theils weil sie durch das Glück in eine Lage gesetzt sind, ihrer Neigung zu Verbesserungen folgen und selbige mit ihren vorzüglichen Talenten und gemachten Erfahrungen unterstützen zu können.

Uebrigens wird es jedem Wirthe leicht seyn, den Futterbedarf, den ich in meiner folgenden Berechnung der leichtern Uebersicht wegen, dem alten Vieh beigelegt habe, auf Jungvieh zu reduziren.

Da diese Wirthschaft ganz und gar nicht auf den Gewinn von wildem Wiesenheu berechnet ist, so erhalten die Pferde im Sommer und Winter Wickenheu. *) Neben

*) Herr Thaer sagt: „dazu rathe ich, die Wicken bis zum Ansetzen der Schoten kommen zu lassen; so hat man sie wenigstens in England und auch bei mir am nahrhaftesten und nützlichsten

Neben Haber können Erbsen, oder Wicken oder Roggen ihnen gegeben werden, jedoch so, daß auf letzten, als härtern Körnerarten, mehr Häcksel zugeschüttet wird, als zum Haber nöthig ist, weil die Verdaulichkeit derselben dadurch erleichtert wird.

Die Zugochsen werden sowohl im Winter als im Sommer auf dem Stalle gefuttert. Im Winter sind Wickenheu *) und Strohhäcksel mit etwas behackten Früch-

„lichsten für die Pferde gefunden, ohne alles andere Futter. „Wenn sie auch etwas mehr ausziehen, so kann dies diese „Wirthschaft vertragen."

*) Ich habe das Wickenheu jetzt deswegen zur Winterfütterung und nicht zur Futterung bei der Arbeitszeit, wie ich es in meiner ersten Ausgabe gethan hatte, bestimmt, weil ich seitdem die Erfahrung gemacht habe, daß das Wickenheu für Rindvieh am besten zu Anfange des Winters gefuttert wird. Zu dieser Zeit liebt es das Rindvieh ganz vorzüglich und läßt fast alle andere Sorten von Heu liegen, wenn ihm dieselben zugleich damit vorgelegt werden. Ist aber das Frühjahr herbei gekommen, so ist es ihm zuwider, und dasselbe ziehet sogar gutes Stroh dem Wickenheu vor. Ich habe diese Erfahrung bei meinen Zugochsen gemacht, denen ich einen grossen Theil gut gewonnenes Wickenheu aufbewahrte, um sie damit bei der Frühlingsarbeit zu futtern; allein ich bin gewahr worden, daß kein einziger es fressen wollte. Ich futtere auch jetzt reines Wickenheu den milchenden Kühen nicht mehr, weil ich wahrgenommen habe, daß die Milch davon einen herben Geschmack annimmt; sondern ich gebe es jetzt den Ochsen und gellen Vieh im Vorwinter, den Pferden aber durchs ganze Jahr. Noch muß ich bemerken, daß diese Heuart dem Schaafvieh, sowohl im Winter als im Frühjahr, besonders angenehm ist; vorzüglich ist es den Mutterschaafen in der Lammzeit ein Leckerbissen, zumal wenn

Früchten ihr Futter; im Frühjahr bekommen sie Strohhäcksel und behackte Früchte, diese jedoch in reichlichem Maaße, und späterhin, wenn diese nicht mehr sind, Kurzbund, Ueberkehr und Kaff mit Strohhäcksel vermischt, und sobald als zu Ende des Augusts behackte Wurzelgewächse wieder zu brauchen sind, wird das harte Futter vermindert und werden dafür frühe Wasserrüben oder Runkeln oder auch Runkel- und Rübenblätter bis zum Winter gefuttert. Auf die Weide kommen die Ochsen in der Regel nicht, doch kann dieselbe bei einer guten Herbstweide, oder zur Ersparniß des trocknen Futters nach Belieben Ausnahmen erleiden.

Für die Milchkühe ist eigentlich die ganze Sommerweide bestimmt. Sie werden, je nachdem der Frühling früh oder spät eintritt, mit Anfang oder in der Mitte des Mays auf die beiden Schläge getrieben, und zwar so, daß sie bei Regenwetter auf dem Grasschlag, und bei trocknem Wetter auf dem jüngern Kleeschlage geweidet werden. Wenn die Getreideerndten geschehen sind, so werden sie zwar auf die abgeräumten Schläge getrieben, jedoch nur in der Art, daß sie dem Umpflügen derselben nicht im Wege sind. Die Weide auf solchen Stoppelschlägen kommt daher fast gar nicht in Anschlag. Hingegen die mit Klee vermischte Weitzenstoppel kann von ihnen,

---

wenn es nach der Anweisung des Herrn Thaer gemähet und gut geerndtet wird.

ihnen, besonders bei trocknem Wetter, sehr füglich behütet werden. Das Weiden darauf schadet nicht, weil die Schläge überhaupt nicht zum Abmähen, sondern zur Weide bestimmt sind. In der Nacht werden sie in einen Stall, oder in einen gestreuten Hordenschlag, oder auf den Kuhhof getrieben, wo ihnen entweder mit Stroh, oder mit Laub, Farrenkraut oder Kiennadeln oder auch mit Sand und grünem abgeschälten Rasen gestreuet wird. An der Seeküste hat man dazu auch einige Seepflanzen brauchbar gefunden.

Wenn endlich die Witterung im Herbste nicht mehr die Verlängerung der Kleeweide begünstiget, so werden sie, etwa mit dem Anfange des Novembers, in das Winterfutter genommen. Es können im Herbste auch ihnen Runkeln und Rübenblätter gefüttert und das Kraut vom Kartoffelfelde gestreuet werden. Doch wir wollen, bei unserer Berechnung auf diese beiden Stücke gar nicht einmal Rücksicht nehmen. Ihr Futter ist den ganzen Winter hindurch Strohhäcksel mit behackten Wurzelgewächsen vermischt. Wenn aber das Wickenheu nur irgend mittelmäßig geräth, so wird auch davon den nichtmilchenden etwas zu Theil.

Sollte nun aber ein Wirth es für zweckmäßiger finden, in seiner Lage Masthammel statt der Kühe zu halten, so wird die Nutzung derselben vielleicht noch ergiebiger seyn. Auf alle Fälle wird er zwar so viel Kühe halten, als er zum Bedarf des Hauswesens nöthig hat. Ich werde mich aber bei der Berechnung darauf nicht

nicht einlassen, sondern jede Branche einzeln darstellen, und es jedem Wirthe selbst überlassen, den Futterbedarf und Gewinn gegenseitig zu reduziren. Es werde mir also nicht zum Fehler angeschrieben, wenn ich bei der Berechnung der Wirthschaft nach Masthammeln keiner Kühe und keines Bullen erwähne. Bei dieser Masthammelschäferei kann auch noch in Rücksicht der Bewirthschaftung der Schläge ein kleiner Vortheil dadurch erreicht werden, daß man auf denjenigen Fleck des Schlages zu behackten Früchten, wo die späten Wasserrüben ihre Stelle finden sollen, Raps zur Weide im vorhergehenden Herbste säet. Wenn dieser abgehütet worden ist, so kann successive der Hordenschlag auf diese Stellen kommen. Es können jedoch auch die Hammel auf einem gestreuten Hordenschlage auf mehrere Nächte ihr Nachtlager finden, wenn eine Zeit eintreten sollte, wo in diesem Schlage kein Platz zum nächtlichen Hordenschlage wäre. Die Streu dazu kann bei einer Masthammelschäferei um so mehr angeschafft werden, da die Schaaforthen im Winter zu diesem Zwecke gesammelt werden können. Die Art und Weise, auf dieser Wirthschaft Hammel zu mästen, würde etwa folgende seyn. Die Hälfte der Winterhammel wird beim herannahenden Frühjahr mit behackten Früchten gemästet, wozu ohngefähr eine Zeit von hundert Tagen gehört. Man richtet dieselbe so ein, daß die Hammel im Frühjahre geschoren werden, und gegen Anfang des Mays, wenn die Garten- und Mistbeetfrüchte auf die Tafeln kommen, wo das Hammelfleisch am meisten gesucht wird, verkauft werden können. Die andere Hälfte der Hammel wird bloß mit Stroh, besonders Erbsstroh, durchgewintert, und im Frühling auf einem Kleeschlag binnen 10 bis 12 Wochen fett gehütet. Auf den andern Kleeschlag bringt man aber eine andere Parthie Hammel, welche man sogleich einkauft, wenn die mit behackten Früchten gemästeten Hammel verkauft sind. Diese werden ganz füglich auch auf dem Kleeschlage in 12 bis 15 Wochen fett gehütet seyn. Es sind also nun drei Posten Hammel fett. An der Stelle dieser zwei letzthin auf den beiden Klee- und Grasschlägen gemästeten Hammel, werden nun wieder eben so viele eingekauft, und theils so lange, als es die Regeln des Umpflügens der Getreidestoppeln verstatten, auf der Stoppel gehütet, theils auf der alten Kleeweide, theils aber auch auf der Weitzenstoppel, wenn der Klee schon so herangewachsen ist, daß von der Schaafweide fürs künftige Jahr kein Schade zu besorgen ist. Vielleicht, daß auf diese Weise noch eine Post fett gehütet werden kann, wenigstens ist es kein Zweifel, daß nicht noch eine Post so weit gebracht werden könnte, daß sie von den Schlächtern noch schlachtbar gefunden wird.

Die Mastochsen werden im Herbste angekauft und dann 16 Wochen mit Wickenheu und behackten Früchten gemästet, worunter, um des bessern Gedeihens willen, Strohhäcksel und dann und wann auch Steinsalz gemischt wird. Jedesmal vor dem Tränken kann etwas rauhes Wickenheu gegeben werden, damit sie desto besser saufen. Das Tränkwasser wird durch Rinnen in den Stall der Ochsen und Kühe geleitet, wo es eine Nacht stehen muß, damit es durch seine Lauheit das Vieh zum bessern Saufen anlocket.

Da diese Wirthschaft den Mist nicht durch vieles Streustroh vermehren oder gleichsam erzwingen will, so wird sparsam gestreuet, oder es werden zur Ersparniß des Strohes andere Surrogate gesammelt, welches besonders beim Anfange dieser Wirthschaftsart gut ist, ehe das Feld durch die Düngung in Stand gesetzt worden ist, reiche Stroherndten zu liefern. Auch können dazu die Kuh- und Ochsenställe so eingerichtet werden, daß die Mistjauche in gewisse Kanäle und Behältnisse läuft. Auf diese Art kann man, wenn die Ställe den Pferdeställen gleich behandelt werden, eine große Menge Streustroh entbehren. In Weselitz habe ich bis jetzt diese Einrichtung und Ersparniß noch nicht nöthig gehabt, wohl aber auf dem Amte Chorin, ungeachtet die Dreifelderwirthschaft hier, aus besagten Ursachen, noch statt findet. Daß übrigens der Mist dadurch nicht vermindert wird, wenn das Stroh durch die Verdauungskraft des Viehes erst zu gutem Miste vorbereitet worden ist, davon überzeuge ich mich immer mehr. Ich leugne es zwar nicht, daß die Menge des Mistes noch vermehrt werden würde, wenn dazu noch eine reiche Streu käme; sondern ich behaupte nur, daß von einer gegebenen Menge Stroh eben so viel Mist gewonnen werden kann, wenn es gefuttert, als wenn es gestreuet wird.

Wenn ich hier also eine sparsame Streu empfehle, so geschieht es aus diesem Grunde. Uebrigens bedenke man, daß diese Wirthschaft keinen natürlichen Heugewinn und auch keine Abtriften hat. Wenige Wirthschaften sind in diesem Falle, und daher kann man, wenn man ein Liebhaber von starker Streu ist, in dem Verhältnisse mehr Streustroh rechnen, als man wildes Heu zu gewinnen, seiner Localität nach, Gelegenheit hat. Wegen des nothwendigen Bedarfs an Streustroh werden wir in dieser Wirthschaftsart aber gewiß nicht in Verlegenheit kommen; nur bei der ganzen Stallfütterung würde dies vielleicht hie und da der Fall seyn; aber auch dieses leugnet Herr Thaer bei gehöriger Vorsicht, und schlägt, um Streustroh zu ersparen, Mittel vor. Man vergleiche Bergens Viehzucht S. 298.

Auf die Erziehung des jungen Viehes, auf Schweine, Gänse u. d. gl. habe ich aus den angezeigten Ursachen hier nicht Rücksicht genommen. Wer Freund davon ist, wird alles berechnen und sich anschaffen können, wenn er nur Futter genug hat; und dieses sich zu verschaffen, ist bei dieser Wirthschaft hinlänglich nachgewiesen. Der Staub vom Getreide kann zur Schweinezucht für den Hausbedarf benutzt werden; hier will ich aber darauf keine Rücksicht nehmen.

Futterbedarf. *)

Bei meiner Berechnung werde ich folgenden Futterbedarf zum Grunde legen.

1) Auf jedes Pferd kommen täglich 2 Metzen Haber mit einer Metze Roggen oder Erbsen vermischt. Ferner

12 Pfund Häcksel
6 — Heu
2 — Streustroh

Sum: 20 Pfund Rauhfutter.

Dieses beträgt in 365 Tagen 7300 Pfund Rauhfutter, 45 Scheffel 10 Metzen Haber und 22 Scheffel 13 Metzen Roggen oder Erbsen.

2) Ein Ochse bedarf im Winter 4 Metzen behackte Wurzelgewächse, und — 18 Pfund Häcksel
2 — Streustroh **)

Sum: 20 Pfd. Rauhfutter.

Da er solche behackte Früchte vom 1sten September bis zum Frühling bekommen kann, folglich etwa

240

*) Der hier angegebene Futterbedarf hätte nach dem, was ich S. 122 von der Futterung des Rindviehes gesagt habe, eine kleine Abänderung erleiden müssen; aber da es eigentlich nur eine bloße Versetzung des Futters betrifft, die jeder Wirth leicht selbst reduziren kann, so habe ich ihn unabgeändert stehen lassen.

**) Weil bei gut eingerichteten Ställen ein Mehreres gar nicht nöthig ist, wenn man nicht streut, um Stroh in den Mist zu bekommen.

240 Tage, so beträgt die Summe der behackten Früchte — 60 Scheffel und des Rauhfutters 4800 Pfd.

Wenn die behackten Früchte zu Ende gehen, so bekommt jeder Zugochse an trocknem Kaff, Heu und Strohfutter nebst Streu 30 Pfund. Dieses beträgt auf 125 Tage — — 3750 Pfund
dazu die obigen 4800 —

Sum: 8550 Pfund.

3) Auf Eine Milchkuh werden an Klee- und Grasweide gerechnet 3 Morgen, und zwar in der Art, daß vom 10ten May bis zur Zeit, da die Stoppel und insonderheit die Weitzenkleestoppel behütet werden kann, 2 Morgen alte Klee- und Grasweide gerechnet wird. Da nach dieser Zeit noch ein Morgen junge Kleeweide dazu kommt, und dann auch die Runkel- und Rübenblätter brauchbar sind, so kann diese Zeit etwa 175 Tage dauern. Da wir im Durchschnitt des ganzen Jahrs pro Stück 2 Pfund Streustroh täglich rechnen, so kommt auf 175 Tage 350 Pfund Streustroh. Fallen reichere Stroherndten, so kann die Quantität desselben auch vermehrt werden.

Die Zeit des Winterfutters dauert also 190 Tage. In dieser kommen 4 Metzen behackte Früchte auf jede Kuh, und in der Zeit des Kalbens 5 Metzen, folglich im Ganzen 50 Scheffel.

An Stroh und Heu werden täglich 18 Pfund Häckſel
oder auch etwas Langfutter und
an Streuſtroh — — 2 — gegeben
folglich 20 Pfd. Rauhfutter.

Dieſes beträgt auf 190 Tage 3800 Pfund
dazu obige — 350 —
macht in Summa pro Stück 4150 Pfund.

Die Urſache, warum ich auf eine Milchkuh eben ſo viel im Winter rechne, als auf einen Ochſen, iſt wohl leicht zu erachten, da ich nicht kleine Landkühe, ſondern gutes ausgewachſenes Vieh vor Augen habe, das nach meiner Erfahrung, wenn es milchreich ſeyn ſoll, eben ſo viel bedarf, als ein Ochſe, der faſt immer müßig, den Winter hindurch im Stalle ſteht.

4) Auf Einen Maſtochſen kommen täglich anfangs 9 und dann 8 Metzen behackte Früchte und beſonders Kartoffeln. Dazu noch etwa 10 Pfund Häckſel
und 8 — Heu
2 — Streuſtroh
Sum: 20 Pfund Rauhfutter.

Dieſes beträgt auf 112 Tage, binnen welcher die Maſtung geſchieht, 60 Scheffel behackte Früchte, und 2240 Pfund Rauhfutter.

5) Maſthammel werden, ſo lange ſie auf die Weide gehen dürfen, auf jeden Morgen Kleeweide 5 Stück gerechnet. Die Winterhammel, welche mit behackten Früchten gemäſtet werden ſollen, bekommen davon à 100 Stück täglich 6 Scheffel, und diejenigen, die nicht

gemäſtet

gemästet werden sollen, täglich 2 Scheffel. Die eigentlichen Masthammel bekommen noch pro 100 etwa 4 Fuder oder 8000 Pfund Wickenheu.

An Stroh rechne ich, nach Abzug der Orthen für die Masthammel, pro 100 täglich 100 Pfund, und für die andern 300 Pfund. Jedes zu 150 Tagen gerechnet, beträgt für die erstern 15000 Pfund und für die letztern 45000 Pfund.

Da die Zeit, wo behackte Früchte gefuttert werden, nur 100 Tage dauert, als in welcher Zeit jene fett werden können, so kommen auf 100 Fetthammel 600 Scheffel behackte Früchte, und auf die Strohhammel 200 Scheffel. Man richtet sich nehmlich mit dem Anfang der Mastung nach der Zeit, zu welcher man die Hammel am besten zu verkaufen gedenkt. Auch die Strohhammel bekommen zu denjenigen Zeiten, wo sie noch halbe Weide genießen können, keine behackte Früchte; daher sind auch für diese nur 100 Tage gerechnet.

Viehnutzung.

Die Nutzung dieses Viehes habe ich, was die Pferde und Zugochsen anlangt, schon im vorigen erörtert; es kommt also hier bloß die von ihm gewonnene Düngung in Betracht.

 1) Die

1) Die Kuhnutzung besteht zunächst in der Milch. Die Zeit derselben rechne ich auf 200 Tage, und zwar so, daß man im ersten Drittheil 8 Quart

im ersten Drittheil	8	Quart
im zweiten	6	—
im dritten	4	—
Sum:	18	Quart

und folglich im Durchschnitt 6 Quart rechnen kann. Ich würde zwar unzufrieden seyn, wenn meine Kühe, die auf vorgesagte Art mit behackten Früchten gefuttert werden, nicht mehr Milch geben wollten; werde aber der Sicherheit wegen hier nicht mehr, als diese Quantität, folglich im Jahre 1200 Quart annehmen. Rechnet man auf 12 Quart Milch 1 Pfund Butter, so kommen 100 Pfd. Butter auf Eine Kuh. Diese wird der Erfahrung nach in der Mark so gesucht, daß ihr Absatz auch in der Entfernung von Berlin sehr leicht ist. Wir wollen auch nur pro Pfund 5 Gr. annehmen, so bestehet die Milchnutzung durch Butter . .

in — —	20	Rthlr.	20	Gr.
Der zugleich bereitete Käse etwa	4	—	4	—
Ein Kalb à	2	—	.	—
Wadeke zur Schweinfütterung	1	—	.	—
Sum:	28	Rthlr.		

Wir können also füglich im Durchschnitt pro Stück 25 Rthlr. Nutzung berechnen, wenn die Melkerei durch eigene Leute betrieben wird; welches gewiß nicht zu viel ist, da 165 Tage gar nicht in Anschlag kommen.

2) An Einem Mastochsen habe ich nach Abzug aller Einkaufsunkosten durch die Mastung gewöhnlich 24 Rthlr. verdient. Da aber zuweilen auch Ausfälle kommen, so wollen wir nur 20 Rthlr. im Durchschnitt ansetzen.

3) Die Masthammel sind in der Nutzung verschieden.

a) Bei den gemästeten Winterhammeln kann man annehmen pro Stück ∙ Rthlr. 16 Gr. für die Wolle

2 — ∙ — an der Mast verdient

Sum: 2 Rthlr. 16 Gr.

b) Für die Winterhammel, welche auf dem Klee im Frühling gemästet wurden

∙ Rthlr. 12 Gr. für Wolle

1 Rthlr. 4 Gr. an der Mast verdient

Sum: 1 Rthlr. 16 Gr.

c) Kleehammel, welche im ersten Frühling gekauft und auf dem Klee fett gehütet wurden, pro Stück

1 Rthlr. an der Mast verdient.

d) Kleehammel, die auf der Kleeweide, nachdem die ersten verkauft waren, zum Schlachten brauchbar gemacht wurden, pro Stück

16 Gr. an der Hütung verdient.

Da aber auch bei Masthammeln leicht Ausfälle durch Krankheiten entstehen, so muß von diesen Summen der sechste Theil abgerechnet werden, um einen mittlern Durchschnitt zu erhalten.

Bei der Düngung, der eigentlichen Hauptnutzung des Viehes, will ich bloß die Erfahrung zur Füh-

rerinn

rerinn wählen, und dieser gemäß habe ich gefunden, daß auf meinen verschiedenen Wirthschaften mit 65 Haupt Rindvieh, welches gut gefüttert, aber doch im Sommer auf die Weide getrieben wird, jährlich im Durchschnitt der Jahre 100 Morgen ausgedüngt werden. Muß man aber, bei gleicher Fütterung, die Streu ihnen allzu sparsam zumessen, so sind 70 Stück dazu nöthig. Der Art und Weise meiner Düngung habe ich schon bei verschiedenen Gelegenheiten erwähnt. Nur muß ich noch folgendes bemerken, nehmlich daß junges Vieh, Pferde und kleine Kühe, zu jenen, wie 2 zu 3; hingegen Zugochsen, die auf dem Stalle gefuttert werden, in dem umgekehrten Verhältnisse stehen.

Masthammel, die wenigstens abwechselnd und in der Art durchs ganze Jahr vorhanden sind, daß wenn eine Post abgeht, die andere wieder ihre Stelle ersetzt, düngen pro 100 Stück durch Winter- und Sommermist 10 Morgen. Bei der Beurtheilung dieser Grundsätze habe man aber nicht kleines Landvieh, das halb verhungert ist, ob es gleich in tiefer Streu liegt, vor Augen, sondern Vieh, dessen Beschaffenheit und Fütterung ich angegeben habe.

V. Abschnitt.

Einrichtung einer Wechselwirthschaft auf einem Flächeninhalt von 900 Morgen des vorbeschriebenen Bodens.

Wer sich mit mir über die vorher dargestellten Grundsätze, Regeln und wirthschaftlichen mittlern Durchschnitte vereiniget hat, dem wird es, wenn er Wirth ist, leicht seyn, die Anwendung davon auf einem gegebenen Flächeninhalt zu machen. Wer aber von meinen Lesern die vorangeschickten Grundsätze, Regeln und Verfahrungsmethoden in der Anwendung für unmöglich hält, wer in der ganzen Mark kein einziges Landgut aufzufinden weiß, wo die Befolgung dieser Grundsätze der Wechselwirthschaft Nutzen stiften würde, kurz wer die Möglichkeit im Allgemeinen bestreitet, dem ist nicht zu helfen, der ist nicht zu bessern, wenn ihm auch das Vortheilhafte dieser Wirthschaft vor Augen gestellt wird; er lege dieses Buch bei Seite, versichert, daß ich ihn herzlich wegen getäuschter Hoffnung bedaure, welche der Titel desselben in ihm vielleicht erregt hat. Zweifel, die die Geburten

burten hypochondrischer Aengstlichkeit sind, mag ich nicht verscheuchen.

Wer aber bis jetzt noch wegen der Anwendung dieser Wirthschaftsweise auf einzelnen Gütern zweifelhaft war, wer nur Bedenklichkeiten wegen einzelner Wirthschaftsbrauchen hegte, wen nur locale und politische Hindernisse bis jetzt davon abgehalten haben, wer wegen der benöthigten Menschenzahl, oder des zu besorgenden Mangels an Stroh, oder wegen anderer individueller Zufälligkeiten Anstand nahm, sie einzuführen, den bitte ich recht inständig, auf dem Wege seiner Prüfung nicht stille zu stehen. Gewiß, die Unmöglichkeit liegt nicht in den Grundsätzen, liegt nicht in der Wirthschaft, sondern, wenn sie irgendwo liegt, in dem Wirthe selbst. Vielleicht bin ich aber so glücklich, durch eine Vergleichung der Wechselwirthschaft mit der Dreifelderwirthschaft einige zu Proselyten zu machen, und dann wäre mein ganz uneigennütziger Wunsch erreicht.

Wir wollen uns ein Landgut denken, das den vorbeschriebenen Lehmboden der Ukermark hat, und also bei gehöriger Düngung zum Weitzen- und Gerstenbau völlig tauglich ist. Nichts soll übrigens die Bewirthschaftung begünstigen, als der gute Wille des Besitzers und die Betriebsamkeit des Wirths. Es soll eine reine Ackerwirthschaft seyn; es soll kein einziges Fuder wildes Wiesenheu darauf gebauet werden, und kein Morgen Nebenhütung außer der urbaren Feldflur seyn. Es soll nicht die Gerechtigkeit haben, eine Branntweinbrennerei

oder

oder Brauerei anzulegen; es soll weder Hand- noch Spanndienst ihm zu Gute kommen; es soll nicht Gelegenheit haben, sein Getreide oder seine Milch in der Nachbarschaft abzusetzen, sondern die Hauptmarktstadt soll 10 Meilen entfernt seyn. Auch soll kein Dorf in seiner Nachbarschaft liegen, von welchem es zu nöthigen Handarbeiten Arbeiter erhalten könnte, sondern die Lage soll so ungünstig seyn, daß der Wirth alle Leute, die er in der nothwendigen Erndte-Arbeit bedarf, in loco ernähren, und da nicht einmal für sie Nebenverdienst in der Nachbarschaft zu erhalten ist, allein ernähren und durch Arbeit unterhalten muß. Kurz es soll von allen den Vortheilen abgeschnitten seyn, auf welche die Wirthe der jetzigen Zeit bei Pachtungen und Kauf ihr Hauptaugenmerk zu richten pflegen, und ohne welche große Güter in der Dreifelderwirthschaft, wenigstens nicht mit besonderm Vortheil bewirthschaftet werden können.

Jedoch soll das Gut nicht Mangel an den nöthigen Bedürfnissen leiden. Wir setzen daher die erforderlichen Wirthschaftsgebäude in gutem Stande voraus, den Beitritt zu Assecuranzen, das benöthigte Bauholz und Brennmaterial, und das Daseyn von so viel arbeitsamen Menschen, als durch welche eine Dreifelderwirthschaft vollkommen gut nach ihrer Art bewirthschaftet werden kann. Wir rechnen auch auf die Entfernung aller politischen Hindernisse, welche ohnedies schon jetzt unsere hohe Landesregierung auf alle Weise aus dem Wege zu räumen sucht, da sie nur auf Kosten des Er-

werb.

werbfleißes existiren können. Dahin rechne ich besonders den unbestimmten Naturalzehend, welcher in natura abgeführt wird, die Gemeinheiten und Einschränkungen aller Art, wodurch der Wirth von freier Disponirung und Melioration abgehalten wird. Da sich mit dem Geiste einer steigenden Wirthschaftsverbesserung Verpachtungen auf 6 und 9 Jahre auch schlechterdings nicht vertragen, so setze ich voraus, daß das Gut dem Wirthe durch eine Art von Eigenthumsrecht übertragen sey. Ich meine damit eine solche Verpachtung, welche sichere Ansprüche auf Pachtprolongation möglich macht, so lange der zeitige Pächter das ihm anvertraute Landgut, als wäre es sein Eigenthum, auf die ihm möglichst beste Weise bewirthschaftet und den ihm zu leisten schuldigen Pachtkanon abführt. Nur unter diesen sichern Hoffnungen wird er die Aufmunterung finden, die er bedarf, um erforderlichen Falls einen Theil seines Vermögens an die Verbesserung der Wirthschaft zu wenden. Hat er dieses angewandte Kapital mit ergiebigen Zinsen aus der Wirthschaft nach Verlauf der bestimmten Pachtperiode genossen, welches von der obern Behörde in einem gegebenen Falle leicht zu beurtheilen seyn wird, so wird dieselbe bei der folgenden Pachtprolongation den jährlichen Kanon zu erhöhen zwar allerdings berechtiget, jedoch auch zum Wohle allgemeiner Wirthschafts-Verbesserung so geneigt seyn, die Pachtung nicht nach einer öffentlichen Versteigerung auszubieten, sondern wie es in unserm Staate geschiehet, den durch seinen Fleiß sich

verdient

verdient gemachten Pächter ferner beizubehalten, oder auch seinen Erben, wenn sie sich dazu qualifiziren, Ansprüche auf die Pachtung zu lassen.

Dies sind ohngefähr die Voraussetzungen, unter welchen ich die Einführung der Wechselwirthschaft in der Mark mir als möglich denke. Der Genius speculativer Wirthe wird sie dann mit seinen Fittigen, zum Segen des Staats, decken. Dienstzwang bedarf sie nicht, und nicht der Prämien, denn sie ist es, die in sich selbst eine Prämie erzielet, die den Muth belebet; sie ist es selbst, die uns in der Stille den Arm darbietet, um die deutsche Landwirthschaft auf eine höhere Stufe der Vollkommenheit zu führen. Folgen wir ihr nur, sie wird uns nicht sinken lassen!

Wenn ich in diesem Abschnitte die Wechselwirthschaft mit der bisherigen Wirthschaftsmethode in Parallele stellen will, so sey es mir vergönnt, sie mir in einer schon existirenden Gestalt zu denken, und den Ertrag derselben nach oeconomischen Gutachten abzuschätzen. Wir haben also in Gedanken eine Wirthschaft vor uns, die wenigstens einmal bereits die Tour des Fruchtwechsels durchlaufen ist; von der ersten Einrichtung werde ich in der Folge noch etwas beibringen. Des leichtern Ueberblicks wegen wollen wir sie aus 900 Morgen Ackerlandes bestehend annehmen, jedoch nach Abzug des benöthigten Garten- Flachs- und Deputantenlandes.

Da diese Wirthschaft von 900 Morgen in einen neunjährigen Wechsel kommen soll, so wird jeder

Schlag

Schlag 100 Morgen enthalten. Hierzu wähle ich nun den Fruchtwechsel, den ich im 3ten Abschnitt angezeigt habe, nehmlich:

Schlag 1. 100 Morgen behackte Früchte, und zwar etwa
30 Morgen Kartoffeln;
30 — Runkeln;
20 — frühe Wasserrüben oder Turnips;
20 — späte Wasserrüben;

Sum: 100 Morgen.

Schlag 2.	100	Morgen	Gerste;
— 3.	100	—	Erbsen;
— 4.	100	—	Roggen;
— 5.	100	—	Wicken;
— 6.	100	—	Weitzen mit Klee u. Grassorten;
— 7.	100	—	Kleeweide;
— 8.	100	—	Grasweide;
— 9.	100	—	Haber.

Sum: 900 Morgen.

Zur Einsaat sind nöthig:

1) Weitzen	à 1 Scheffel	4 Metzen pro Morgen beträgt an Aussaat		125	Schfl.
2) Roggen	à 1 Scheffel	2 Metzen	—	$112\frac{1}{2}$	Schfl.
3) Gerste	à 1 Scheffel	6 Metzen	—	$137\frac{1}{2}$	Schfl.
4) Haber	à 1 Scheffel	8 Metzen	—	150	Schfl.
5) Erbsen	à 1 Scheffel	—	—	100	Schfl.
6) Wicken	à 1 Scheffel	—	—	100	Schfl.

7) Gegen

7) Gegen 200 Pfund rothen und weißen Kleesamen, mit 300 Pfund Grassaamen, etwa zu 100 Rthlr., welche in Ausgabe gestellet werden.

8) An Kartoffeln pro Morgen 10 Scheffel, also auf 30 Morgen an Einsaat 300 Scheffel. Da Runkeln und weiße Wasserrüben nur sehr dünn und in geraden Reihen gesäet werden, so daß von letztern auf 2 Quadratfuß, und von erstern auf 5 Quadratfuß Ein Stück gerechnet ist, so beträgt der Einkauf der Saat etwa 10 Rthlr., welche in Ausgabe gestellet werden.

Die Beackerung dieses Feldes besteht nach der im 3ten Abschnitt angezeigten Methode, in 1500 Morgen, welche jährlich gepflügt werden müssen. Davon fallen in die Frühlingsperiode 600 Morgen, in die Sommerperiode 300, und in die Herbstperiode abermals 600 Morgen. Es kann, wie dort gezeigt wurde, in der ersten Epoche, mit einem Ochsenpfluge à 6 Stück, eine Fläche von 142 Morgen bearbeitet werden. Es können also mit 4 dergleichen Pflügen, und also 24 Ochsen, füglich 600 Morgen, und eben so in der zweiten Epoche, wo nur 300 Morgen zu pflügen sind, bearbeitet werden. In der Herbstepoche kann Ein Pflug 126 Morgen beackern, und daher, wenigstens bei guten Herbsten, die ganze Ackerarbeit mit Ochsen, denen wir noch zwei supercomplete zuordnen, vollendet werden. Sollte es aber ja hie und da fehlen, so müssen die Pferde hier eben so gut, wie die Ochsen im Winter beim Mistfahren, helfen.

Alle

Alle andere Wirthschafts- und Ackerarbeiten, nehmlich Eggen, Walzen, Mistfahren, Erndtefuhren, Markt- und Holzfuhren, werden von den Pferden verrichtet. Wir rechnen auf diese Wirthschaft, da sie 10 Meilen von der Marktstadt liegt, und im Herbste viel Fuhren mit behackten Früchten, welche nach Hause geschafft werden müssen, zu thun sind, 12 Stück, also 3 Gespann. Da diese im ganzen Jahre auf 300 Arbeitstage berechnet werden können, so haben wir, wenn alle 3 Gespanne auf Eins reduzirt, 900 Arbeitstage für Ein Gespann.

1) Das Eggen besteht, den 3ten Abschnitt verglichen, in 120 Morgen. Nach dem 4ten Abschnitt werden im Durchschnitt auf ein Gespann täglich 20 Morgen gerechnet. Folglich erfordert das Eggen . . . . . 60 Tage

2) Die Mistfuhren bestehen, nach dem im 3ten Abschnitt angegebenen Düngungsbedarf, in 1800 Fudern. Nach dem 4ten Abschnitt kommen täglich auf ein Gespann 9 Fuder. Folglich gehören dazu . . . . . . 200 —

3) Die Erndtefuhren des Getreides bestehen in dem Einfahren von etwa 3000 Mandeln Winter- und Sommergetreide, worin auch die Erbsen begriffen sind. Nach dem 4ten Abschnitt

Latus 260 Tage

kom-

	Transport	260 Tage
kommen auf Ein Gespann bei nöthigen Wechselwagen, 100 Mandeln; folglich sind dazu erforderlich	. .	30 —
Das Wickenheu wird pro Morgen 1 Fuder und folglich 100 Fuder gerechnet. Auf Ein Gespann kommen täglich 8 Fuder, folglich	. .	13 —
	Sum:	303 Tage.

Rechnet man auf die nöthigen Holzfuhren und andere häusliche Fuhren 47 Tage, so sind erst 350 Tage besetzt. Es bleiben also zu der Anfuhre der behackten Früchte, und zu den Marktfuhren des Getreides, welches verkauft werden soll, noch 550 Tage. Da zu Marktfuhren, wenn man auf jede Fuhre 4 bis 5 Tage rechnet, nur 360 bis 450 Tage erfordert werden, und auf behackte Früchte etwa 40 Tage zu rechnen sind, so wird wohl Niemand der Meinung seyn, daß des Zugviehes zu wenig berechnet sey; sondern ich glaube im Gegentheil, daß man in den meisten Wirthschaften dieser Art füglich mit 2 Gespann auskommen würde, wenn man nahe an der Marktstadt wohnt. Die Kosten des hier mit angeschlagenen dritten Gespannes könnten dann der reinen Nutzung des Guts noch beigeschrieben werden.

Die Erndte, nach einem wirthschaftlichen Durchschnitt berechnet, besteht in Getreide:

1) 125

1) 125 Scheffel Weitzenaussaat zum 8ten Korn beträgt 1000 Schfl.
2) 112½ Scheffel Roggenaussaat zum 8ten Korn — 900 —
3) 137½ Scheffel Gersteaussaat zum 8ten Korn — 1100 —
4) 150 Scheffel Haberaussaat zum 5ten Korn — 750 —
5) 100 Scheffel Erbsen oder Wicken zum 6ten Korn — 600 —

Summa 4350 Schfl. *)

An behackten Früchten beträgt die Erndte:

30 Morgen Kartoffeln à 100 Schfl. thut 3000 Schfl.
30 — Runkeln à 130 Schfl. thut 3900 —
40 — weiße Wasserrüben à 150 Schfl. thut - 6000 —

Summa der behackten Früchte 12900 Schfl.

An Heu und Stroh wird gewonnen:

100 Morgen Wicken à 2000 Pfund beträgt - - 200,000 Pfund
200 Morgen Winterfrucht à 1600 Pfund beträgt - - 320,000 —
300 Morgen Sommerfrucht à 1200 Pfund beträgt - 360,000 —

Summa Rauhfutter 880,000 Pfund.

Die

*) Dieser Ertrag, sagt Herr Thaer in seiner oft erwähnten Beurtheilung S. 381, ist äusserst geringe und weit unter der Erwartung,

Die hiezu erforderliche Düngung des Ackers besteht in etwa 1800 Fudern Mist; oder nach einer sicherern Rechnung, in pro 100 Morgen 65 Stück gut gefuttertem Rindvieh; folglich gehören zu 300 jährlich zu düngenden Morgen 195 Stück Kühe. Wir haben dazu schon an Zugvieh 26 Ochsen, welche aber, da sie im Stalle Jahr aus Jahr ein gefuttert werden, sich gegen die Kühe, von welchen eigentlich die im vorigen Abschnitt angelegte Berechnung galt, wie 3 zu 2 verhalten. Die 26 Zugochsen werden

also gerechnet zu - -	39	Haupt-Vieh
die 12 Pferde, hingegen nur zu	8	— —
dazu sollen kommen - -	100	Kühe
und noch überdies - -	50	Mastochsen
Summa	197	Haupt-Vieh.

Mit diesen 197 Haupt-Vieh können also die 300 Morgen jährlich ausgedüngt werden. In schlechten Strohjahren, wo die Streu sparsam zugemessen werden muß, wird zwar die Düngung eines Schlags etwas geringer ausfallen müssen, dagegen sie bei gutem Strohgewinnst auch desto reicher ausfallen wird. Die sieben fetten Jahre müssen den sieben magern das Gleichgewicht halten. Mißerndten sind jedoch bei dieser Wirthschaft nicht so leicht zu befürchten.

Der

wartung, wozu der Boden, die Fruchtfolge, der Düngungsstand nach Vollendung des ersten Umlaufs berechtiget.

Der Bedarf an Futter ist dem 4ten Abschnitt gemäß folgender für besagtes Vieh.

1) Für 12 Pferde:

an Haber à 45 Schfl. 10 Mtz. - 547 Schfl. 8 Mtz.

an Erbsen oder Roggen

à 22 Schfl. 13 Mtz. sind 273 Schfl. 12 Mtz.

an Rauhfutter à 7300 Pfund — 87,600 Pfund.

Das Rauhfutter wird natürlicher Weise zum Theil in Häckselgestalt gegeben.

2) Für 26 Zugochsen:

an behackten Früchten à 60 Schfl. - 1560 Schfl.

an Rauhfutter à 8550 Pfund - - 222,300 Pfund.

3) Für 100 Kühe:

à 3 Morgen Weide incl. Kleestoppel 300 Morgen

an behackten Früchten à 50 Schfl. - 5000 Schfl.

an Rauhfutter à 4150 Pfund - 415,000 Pfund.

4) Für 50 Mastochsen:

an behackten Früchten à 60 Schfl. - 3000 Schfl.

an Rauhfutter à 2240 Pfund - 112,000 Pfund.

Dieses sämmtliche Futterbedürfniß unter einen Gesichtspunct gebracht, besteht

1) an Haber in - - 547 Schfl. 8 Mtz.

2) an Erbsen oder Roggen in 273 Schfl. 12 Mtz.

3) an behackten Früchten

für die Zugochsen 1560 Schfl.

für die Kühe - 5000 —

Latus 6560 Schfl.

Transp.	6560	Schfl.
für die Mastochsen	3000	—
zu Saatkartoffeln	300	—
Sum:	9860	Schfl.
der Gewinn war	12900	—

folglich übrig 3040 Schfl. welche zu häuslichen Bedürfnissen, zur Schweinemast oder auf beliebige Art verwendet werden können.

4) An Rauhfutter;

für die Pferde -	87,600	Pfund
für die Zugochsen	222,300	—
für die Kühe -	415,000	—
für die Mastochsen	112,000	—
Sum:	836,900	Pfund
der Gewinn war	880,000	Pfund

folglich Ueberschuß 43,100 Pfund, welche zur reichlichern Streu oder auf eine schlechtere Erndte aufgespart und verwendet werden können.

Es ergiebt sich also aus dieser Berechnung, verglichen mit dem vorigen Abschnitt, daß dieses Vieh reichlich ausgefüttert, und also die Düngung des besagten Feldes sehr gut realisirt werden kann.

Sollte der Wirth, dies bleibt mir nun noch übrig zu zeigen, statt der 100 Kühe, oder statt einer verhältnißmäßigen Anzahl derselben, Hammel zu halten für zweckmäßiger finden, so würde die Anzahl der Winterhammel, wenn er —, wie ich hier der Bestimmtheit der Rechnung wegen annehmen muß —, wenn er gar keine Kühe halten wollte, ohngefähr in 1000 Stück bestehen, die er sowohl im Winter, als im Sommer successive ankaufen, mästen und verkaufen könnte.

Davon würden im Winter

500 Stück gemästet. Diese bedürfen

an behackten Früchten pro 100 Stück 600 Schfl.

folglich 3000 Schfl.

an Stroh 15000 Pfund pro 100 Stück

an Heu 8000 Pfund — —

Sum: 23000 Pfd. folgl. 115,000 Pfd. Rauhfutter.

Die andere Post à 500 Stück, die erst im Frühling auf dem Klee fett geweidet werden soll

an behackten Früchten pro 100 Stück 200 Schfl.

macht 1000 Schfl.

an Stroh à 45000 Pfund — 225,000 Pfund.

Es würden also nöthig seyn

a) an behackten Früchten für die Masthammel - - 3000 Schfl.

für die Strohhammel - 1000 —

Sum: 4000 Schfl.

Für die Kühe waren aber nöthig - 5000 Schfl.

folglich bleiben bei der Hammelschäferei noch übrig - 1000 Schfl.

b) an Rauhfutter:

für die Masthammel -	115,000	Pfund
für die Strohhammel -	225,000	—
Summa	340,000	Pfund
Für die Kühe wurden erfordert	415,000	—
folglich bleiben bei der Hammelschäferei noch übrig -	75000	Pfund.

Die Weide würde im Sommer auch für 1000 Stück, welche auf einmal darauf weiden und nach Verlauf von 10 bis 15 Wochen von andern, noch magern ersetzt werden, hinlänglich seyn, da wir, auf 1 Kuh 10 Hammel, und folglich auf 100 Kühe 1000 Stück zu rechnen befugt sind. Es ist hiezu schon die alte Weide à 200 Morgen hinlänglich, da 5 Hammel pro Morgen recht gut in Zeit von 10 bis 15 Wochen sich fett hüten können. Es wird davon, nach dieser Zeit noch so viel übrig bleiben, und nachwachsen, daß, wenn auch die andere Stoppelweide nur wenig oder gar nicht benutzt wird, die hernach einzukaufenden 500 Stück noch darauf ihre gute Weide finden.

Die Düngung hingegen wird bei der Masthammelschäferei nicht ganz so reich ausfallen, wie bei der Kuhmelkerei. Da wir auf 100 Stück 10 Morgen gerechnet

rechnet haben, so kann mit 1000 Stück der Schlag mit behackten Früchten, der die reichste Düngung erhalten sollte, füglich ausgemistet und ausgehordet werden. Der Hordenschlag wird erst auf das Land geschlagen, wo die späten, etwa in der Mitte des July gesäet werdenden, Wasserrüben stehen sollen. Zu dieser Zeit sind schon die frühen Wasserrüben fast reif, und man kann schon gegen Anfang des Augusts mit der Fütterung derselben an den Zugochsen den Anfang machen, oder, da wir die Fütterung erst vom 1sten September an gerechnet haben, so können sie aus dem Lande gebracht und allenfalls bis dahin aufgespart werden. Es wird also nun der Hordenschlag daselbst seinen Platz finden, da vorher noch Kraft genug im Lande war, um pro Morgen noch 150 Scheffel Wasserrüben zu bauen. Sollte man aber dieses nicht vermuthen können und die Mistung vorher nöthig finden, so wird der Hordenschlag nachher nicht mehr möglich seyn, und also, wie wir schon im vorigen erwähnt haben, werden die Schaafe in einen gestreuten Hof die Nacht hindurch getrieben werden müssen. Im Allgemeinen läßt sich darüber wenig sagen.

Es bleiben also noch zur Düngung übrig, 100 Morgen, so ganze Düngung erhalten, 100 Morgen, welche halbe Düngung erhalten, folglich im Durchschnitt 150 Morgen. Dazu sind nach der Berechnung 100 Haupt-Vieh nöthig.

Wir

Wir haben die 26 Zugochsen, welche gerechnet werden

		zu	- 39	Haupt
—	— 12 Pferde	zu	- 8	—
—	— 50 Mastochsen	zu	- 50	—
		Summa	97	Haupt.

Es fehlen also nicht mehr, als 3 Stück, welche leicht ersetzt werden können, da wir bei der Hammelschäferei ein großes Plus an behackten Früchten und Rauhfutter übrig behalten haben, und ohnedies in Praxi noch Kühe fürs Hauswesen gehalten werden.

Die zu dieser Wirthschaft nöthige Menschenzahl richtet sich, den im 4ten Abschnitt angegebenen Grundsätzen gemäß, nach dem Bedarf der Menschen, welche in der Erndte, als der nothwendigsten Arbeitszeit, vorhanden seyn müssen. Wir haben in dieser Wirthschaft

200 Morgen Erbsen und Wicken;
200 Morgen Weitzen und Roggen;
200 Morgen Gerste und Haber.

Wenn diese Früchte in einem Tage abgemähet werden sollten, so würden nöthig seyn

zu Erbsen und Wicken	100	Mäher
zu Weitzen und Roggen	66	—
zu Gerste und Haber	50	—
folglich in Summa	216	Mäher.
Latus	216	Personen.

Transp. 216 Personen.

Zum Sammeln und Aufbinden wird eine doppelte Anzahl gebraucht, folglich - - 432 Menschen.

Zum Aufladen und Tassen die Hälfte der Mäher, jedoch ohne die Wagenknechte, also - - 108 Personen.

Es würden demnach nöthig seyn, wenn die Erndte in einem Tage vollendet werden sollte - 756 Menschen.

Da aber die Heu- und Getreideerndte nicht an einem Tage geschehen darf, sondern dazu wohl 1½ Monat, und also doch gewiß 30 Arbeitstage gerechnet werden können, so kommen auf Einen Tag ohngefähr 25 Menschen. Diese Anzahl ist nicht nur bei einer Wechselwirthschaft von 900 Morgen, in welcher 600 Morgen abzumähen und einzuerndten sind, sondern auch in einer wohlbestellten Dreifelderwirthschaft nöthig, weil darinn auch 600 Morgen abzumähen sind, und außerdem in der Brache auch wohl noch 50 Morgen mit Erbsen oder Wicken bestellt werden, und folglich 650 Morgen abzumähen und einzuerndten sind.

Wir haben in unserer Wirthschaft:

1) einen Wirthschafter;
2) eine Ausgeberinn;
3) einen Meier, hauptsächlich zur Saat und zur Aufsicht in der Erndte, mit seiner Frau und Familie;

4) einen

4) einen Ochsenhirten mit Frau und Familie;
5) einen Kuhhirten mit Frau und Familie;
6) einen Hofknecht;
7) eine Hausmagd;
8) drei Pferdeknechte, à 4 Pferde;
9) vier Ochsenknechte, à 6 Ochsen;
10) fünf Viehmägde, à 20 Kühe;
11) sechs Drescherfamilien, auf jeden Drescher 500 Mandeln gerechnet.

Von diesen Leuten können in der Erndte gebraucht werden zum Mähen, Binden, Aufladen und Tassen,

von den Ochsenknechten	-	4	—
von den Viehmägden	-	2	—
Von den Dreschern mit ihren Frauen, wovon jedoch eine im Durchschnitt als unfähig zur Erndtearbeit, angenommen werden muß, folglich	- -	11	—
Der Meier	- -	1	—
Die Frau des Ochsen- oder Kuhhirten	- -	1	—
Sum:		19 Personen.	

Es fehlen also noch 6 Personen, wozu wir drei Tagelöhnerfamilien ansetzen müssen. Es besteht also das ganze Personale der Wirthschaft, ohne die Kinder und alten Leute, welche etwa zu den Familien der genannten Personen gehören, zu rechnen, aus 40 Menschen.

Gesetzt es könnten in der Dreifelderwirthschaft, weil dort die Früchte dünner stehen und leichter abzumähen und zu erndten sind, die drei Tagelöhnerfamilien erspart werden, so kommen an deren Stelle, weil eine Kuhmelkerei darauf nicht eingerichtet werden kann, wieder:

ein Schäfer mit seiner Frau;
drei Schaafknechte;
ein Schweinejunge.

Sum: 6 Personen.

Es würden nun zwar einige Viehmägde erspart werden können; allein diese müßten, der Erndte wegen, wieder durch angestellte Tagelöhner ersetzt werden, welches auf eins hinaus kommt. Mithin wird die Anzahl der Menschen, wenn wir voraussetzen, daß kein Dienst geleistet wird, sowohl in der Wechselwirthschaft, als in der Dreifelderwirthschaft, etwa auf 40 Personen zu rechnen seyn.

Da nun diese Menschen in der Dreifelderwirthschaft, außer in der Erndte, nicht alle zu jeder Jahreszeit von der Herrschaft beschäftiget werden können, so bietet die Wechselwirthschaft ihren wohlthätigen Arm und zeigt ihnen auf dem Schlage, der mit behackten Früchten bestellt werden soll, sowohl für sich, als auch für ihre Familien in jeder beliebigen Stunde des Frühlings und Herbstes Arbeit und Verdienst. Es können, wie ich durch Erfahrung beim Tabacksbau sattsam überzeugt bin, von einer Familie füglich zehn Morgen be-

hackte

hackte Früchte gewartet und gepfleget werden. Es sind also zu 100 Morgen 10 Familien nöthig. Dazu haben wir

6 Drescherfamilien;

3 Tagelöhnerfamilien.

Sum: 9 Familien.

Nun fehlt noch eine Familie auf 10 Morgen, welche entweder getheilt von den Frauen des Kuhhirten, des Ochsenhirten und des Meiers versehen werden, oder auch einer und der andern allein übergeben werden können. Im Fall aber, da dieses nicht möglich wäre, so werden sich die andern 9 Familien noch recht gut in die übrigen 10 Morgen theilen und die nöthige Arbeit darauf verrichten können. Durch die eben angezeigten drei Familien könnten aber auch wohl noch 20 Morgen mehr bepflanzt werden.

Hierauf können wir nun die verschiedenen Wirthschaften in gegenseitige Vergleichung stellen, und zwar:

I. Wechselwirthschaft.

Die Ausgaben, welche zum Behufe einer Pachtung der angegebenen 900 Morgen nöthig sind, bestehen, da wir die Wechselwirthschaft schon als eingerichtet denken, für den neuen Pächter, der dieselbe fortsetzen soll, theils in dem Kapital, welches er bei Uebernahme der Wirthschaft auf die nöthigen Wirthschaftsartikel wenden muß. Dahin gehört denn zuförderst die Bezahlung

zahlung der Winter- und Sommersaat, nebst den Kosten der Bestellung an den alten Pächter, der Ankauf von Vieh, Wagen und Geschirr, Mobilien und Wirthschaftsgeräthen: Also

125	Schfl. Weitzen	à 1 Rthlr.	8 gr.	166 Rthlr.	16 Gr.
112½	— Roggen	à 1 Rthlr.	-	112 —	12 —
137½	— Gerste	à -	18 gr.	103 —	3 —
150	— Haber	à -	12 gr.	75 —	- —
100	— Erbsen	à 1 Rthlr.	4 gr.	116 —	16 —
100	— Wicken	à 1 Rthlr.	-	100 —	- —
Klee und Grassaame		-	-	100 —	- —
Rübensaame	-	-	-	10 —	- —
Kartoffelnsaat		-	-	62 —	12 —
Die vom vorigen Pächter geschehene Bestellung der Saat			à	800 —	- —
			Summa der Saat	1646 Rthlr.	11 Gr.

An Vieh sind nöthig:

12	Pferde	à 100 Rthlr.	-	1200 Rthlr.	Gr.
26	Ochsen	à 50 Rthlr.	-	1300 —	- —
100	Kühe	à 40 Rthlr.	-	4000 —	- —
50	Mastochsen	à 40 Rthlr.	-	2000 —	- —
			Summa an Vieh	8500 Rthlr.	- Gr.

An Geschirr:

4 Erndtewagen	à 12 Rthlr.	-	48 Rthlr.	- Gr.
6 Kleine Wagen	à 30 Rthlr.	-	180 —	- —
4 Kasten zum Mistfahren	à 3 Rthlr.		12 —	- —
		Latus	240 Rthlr.	- Gr.

6 Pflüge

		Rthlr.	Gr.
	Transp.	240 Rthlr.	. Gr.
6 Pflüge à 4 Rthlr.	- -	24 —	. —
2 Walzen à 3 Rthlr.	- -	6 —	. —
12 Eggen von Holz à 1 Rthlr.	-	12 —	. —
12 Eggen mit eisernen Zähnen à 3 Rthlr.		36 —	. —
8 Betten für 14 Personen à 25 Rthlr.		200 —	. —
2 Betten à 50 Rthlr.	- -	100 —	. —
Für andere Mobilien in der Wirthsch.		100 —	. —
— zum Behuf des Milchwesens		100 —	. —
— im Hauswesen	- -	200 —	. —
Für 3 Pferde- und Ochsengeschirr		100 —	. —
	Summa an Geschirr	1118 Rthlr.	. Gr.
	dazu Saat	1646 —	11 —
	Vieh	8500 —	. —
	Summa	11,264 Rthlr.	11 Gr.

Dieses Kapital zu 11,264 Rthlr. 17 Gr., welches der Pächter bei Uebernahme dieser Wirthschaft mitbringen und anwenden muß, wird in Zinsen zu 4 pro Cent unter die jährliche Ausgabe gestellt.

Die Leistung einer Caution ist hier aus oben angegebenen Ursachen nicht in Anschlag gebracht und auch nicht nöthig, da der Wirth sein eigenes Inventarium mitbringt.

Die jährlichen Wirthschaftsausgaben bestehen ohngefähr in folgenden Puncten:

1) die Interessen à 4 pro Cent von dem Kapital, welches zur Uebernahme

der

der Pachtung erforderlich ist, und in 11264 Rthlr. besteht, mit -	450	Rthlr.
2) Feuerassecuranz mit - -	100	—
3) Unterhaltung, Gehalt und Beköstigung eines Wirthschafters mit	140	—
einer Ausgeberinn - - -	80	—
Deputatkorn und Lohn des Meiers	72	—
des Ochsenhirten - - -	70	—
des Kuhhirten - - -	70	—
des Hofknechts - - -	45	—
der Hausmagd - - -	40	—
drei Pferdeknechte à 50 Rthlr. -	150	—
vier Ochsenknechte à 45 Rthlr. -	180	—
fünf Viehmägde à 40 Rthlr. -	200	—
4) Erndtekostē à 30 Tage an 18 Personē, davon 9 an 8 gr. täglich 90 Rthlr. — 9 an 4 gr. täglich 45 Rthlr.		
Sum: 135 Rthlr.	135	—
die in Verding à 25 pro Cent des Gewinnstes erbaueten Wurzelgewächse, wovon der Schfl. à 5 gr. angeschlagen wird, betragen à 12900 Scheffel etwa - - -	670	—
5) Pferdefutter, Saatkorn und Drescherlohn werden in natura bei der Getreidrechnung in Abzug gebracht.		
Latus	2402	Rthlr.

6) Eisen,

		Transp. 2402	Rthlr.
6)	Eisen, Schmiedekosten, Theer, Rademacher und Riemerarbeiten -	200	—
7)	An Tagelohn für Mist austragen, Aufladen und Breiten, Häckselschneiden u. dgl., welches nicht durch eigene Leute, sondern durch Tagelöhner oder besser noch durch Verdingarbeiter verrichtet werden kann -	200	—
8)	Abnutzung und Ausbesserung der Mobilien im Hauswesen und der Melkerei - - - -	150	—
9)	Abnutzung der Pferde à 10 pro Cent	120	—
	— der Ochsen à 5 pro Cent	65	—
	— der Kühe à 5 pro Cent	80	—
10)	Kleesaamen - - -	100	—
	Kohlsaamen - - -	10	—
11)	Kleine Reparaturen - -	40	—
12)	An unbestimmten Ausgaben z. E. Steine brechen, Holzhauen, Bothenlohn u. dgl. - - -	150	—
	Summa der jährlichen Ausgabe	3517	Rthlr.

Die Einnahme besteht fast zu gleichen Theilen in dem Ertrage des Getreides und der Viehnutzung. Die Preise des Getreides sollten eigentlich denen gleich angenommen werden, die die Kammertaxe besagt. Allein, wenn der Wirth nicht höhere Marktpreise hätte, als in in jenen Prinzipien angenommen sind, so würde er die andern Pachtbedingungen nicht eingehen können, weil der Aufwand, den der Wirth zu machen hat, in den Pachtprinzipien zu gering angegeben ist. Der geringe Getreidepreis kommt ihm wieder zu statten, und daher würde eine allzu starke Erhöhung des Getreidepreises in der Kammertaxe wohl noch höhere Marktpreise nach sich ziehen dürfen. Ueberdies kann hier der Getreidepreis etwas höher, als in der Kammertaxe angenommen werden, weil der Pächter sein eigenes Inventarium mitbringt, und also dem Verpachtenden ein starkes Kapital erspart. Diese angegebenen Marktpreise würden aber bei Veranschlagung und Ausmittelung der Pachtsumme nicht anzuwenden seyn, außer in dem Falle, wenn man auf die stärkern Ausgaben, die bei Pachtungen nöthig sind, Rücksicht nehmen wollte.

Ferner ist hier noch zu bemerken, daß der Ertrag des Roggens höher und dem Weitzen fast gleich angenommen ist, weil der Roggen auf denselben Acker, wie der Weitzen, und zwar beide nach Mist kommen. Viele glauben sogar, daß unter diesen Umständen der Roggen einen noch höhern Ertrag als Weitzen gebe. Beider Ertrag ist aber hier nur sehr mäßig berechnet, woran nur ein Dreifelderwirth zweifeln kann, der auf seinem Acker nur selten eigentlich gutes Getreide gesehen hat, und sich in andere Verhältnisse nicht hinein denken kann.

Verglei-

Vergleichen wir also dieses mit den vorhin angegebenen Grundsätzen, so haben wir Ertrag vom

1) Weitzen - - - 1000 Schfl. - Mtz.
Davon ab: Drescherlohn zum 16ten
Scheffel 62 Schfl. 8 Mtz.
Saatkorn 125 — - — 187 — 8 —

bleiben zum Anschlage 812 Schfl. 8 Mtz.

2) Roggen - - - 900 Schfl. - Mtz.
ab: Drescherlohn 56 Schfl. 4 Mtz.
Saatkorn 112 — 8 —
Pferdefutter 73 — 12 — 242 — 8 —

zum Anschlage 657 Schfl. 8 Mtz.

3) Gerste - - - 1100 Schfl. - Mtz.
ab: Drescherlohn 68 Sch. 12 Mtz.
Saatkorn 137 — 8 — 206 — 4 —

zum Anschlage 893 Schfl. 12 Mtz.

4) Haber - - - 750 Schfl. - Mtz.
ab: Drescherlohn 46 Sch. 14 Mtz.
Saatkorn 150 — - —
Pferdefutter 547 — 8 — 744 — 6 —

zum Anschlage 5 Schfl. 10 Mtz.

5) Erbsen und reife Wicken - 600 Schfl. - Mtz.
ab: Drescherlohn 37 Sch. 8 Mtz.
Saat der Erbsen
und Wicken zur
Reife - 100 — - —
Saatwicken zu
Heu - 100 — - —
Pferdefutter 200 — - — 437 — 8 —

zum Anschlage 162 Schfl. 8 Mtz.

 Diesen

Diesen Ertrag zu Gelde angeschlagen

1)	Weitzen	812 S.	à 1 Tl. 8 gr.	1082 Tl. 16 gr.
2)	Roggen	657 —	à 1 — . —	657 — . —
3)	Gerste	893 —	à . — 18 —	669 — 18 —
4)	Haber	5 —	à . — 12 —	2 — 12 —
5)	Erbsen	162 —	à 1 — 4 —	189 — . —
Summa der Schfl.		2529 S.		Sum: 2600 Tl. 22 gr.

Da 22 Menschen in Kost und Deputat stehen, à 16 Schfl., so sind abzuziehen, wenn man das zum Marktfahren bestimmte Korn berechnen will - - 352 Schfl.

Es bleiben also zum Verfahren 2177 Schfl.

6)	Hiezu 100 Kühe -	à 25 Tlr.	2500 Tlr. . gr.
7)	50 Mastochsen -	à 20 Tlr.	1000 — . —
	Summa der Einnahme		6100 Tlr. 22 gr.

Balance der Ausgabe und Einnahme in der Wechselwirthschaft.

Einnahme	6100 Rthlr. 22 Gr.
Ausgabe	3517 — . —
Reiner Ertrag	2683 Rthlr. 22 Gr.

Dieser

Dieser reine Gewinn von 2683 Rthlr. ist bei dem vorausgegangenen großen Aufwande auf einem Gute von 900 Morgen, das weder wilden Heugewinnst, noch Abtriften, noch Dienste, noch andere vortheilhafte Seitenbranchen hat, gewiß von sehr großem Belang. Der mäßige Preiß, zu welchem das Getreide und der Nutzungsertrag des Viehes berechnet ist, machen eine doppelt höhere Nutzung möglich, wenn der Weitzen 2 Rthlr. 16 Gr. und Butter und Käse theurer sind, als der Anschlag besagt, und diese Theurung nicht von Mißerndten herrührt. Ueberdies ist die Milchzeit der Kühe nur zu 200 Tagen gerechnet, da die meisten derselben bei so guter Fütterung und Weide wohl 300 Tage im Jahre gemolken werden können. Die Kühe waren zu 2500 Rthlr. angeschlagen. Diese Nutzung wird man auch aus einer Hammelschäferei ziehen können, wenn man die Kühe der Wirthschaft wegen ganz entbehren könnte. Da wir aber alle Unkosten der Wirthschaft und Beköstigung der Menschen zu Gelde angeschlagen haben, so konnten wir alle Kühe im Ertrage veranschlagen, und so auch die Hammelschäferei, wenn man sie oder eine verhältnißmäßige Anzahl statt der Kühe halten wollte; nehmlich

500 Winterhammel	à 2 Tlr. 16 gr.	1333	Tlr.	8 gr.
500 Frühe Kleehammel	à 1 Tlr. 16 gr.	833	—	8 —
500 Kleehammel zweiter Art	à 1 Tlr.	500	—	, —
500 Kleehammel dritter Art	à 16 gr.	333	—	8 —
	Summa	3000	Tlr.	, gr.

Bringt man nun, um das größere Risico bei der Schäferei in Anschlag zu bringen, den sechsten Theil, folglich 500 Rthlr. in Abzug, so bleiben 2500 Rthlr., eine Nutzung, die der der Kühe gleich kommt.

II. Die Dreifelderwirthschaft.

Diese Wirthschaft bedarf zum Pflügen, Eggen, Getreide- und Taback-Verfahren, eben so viel Zugvieh, als die Wechselwirthschaft. Aber die Wechselwirthschaft hat mehr Mistfuhren, und im Herbste mehr Fuhren mit behackten Früchten, daher kann das Verfahren des Getreides, nehmlich 2177 Scheffel, nur im Winter und einem Theil des Sommers geschehen. Wenn man auf die Fuhre 25 Scheffel rechnet, so sind 91 Fuhren nöthig. Wenn also jedes Gespann 30 Wochen hindurch wöchentlich eine Fuhre verrichtet, so sind dies 90 Fuhren. Da sie in diesen 30 Wochen noch die Hälfte der Zeit zu Hause sind, und die Ochsen alle Pflugarbeiten verrichten, so sind 12 Pferde bei der Wechselwirthschaft genug; und in der Nähe der Marktstadt oder bei einer beim Gute befindlichen Brau- und Branntweinbrennerei könnte noch ein Gespann ersparet werden.

Eine gleiche Bewandniß hat es mit der Dreifelderwirthschaft, wo außer dem Getreide noch Tabacksfuhren im Herbst und zum Verkauf gethan werden müssen. Da aber hier Mistfuhren und keine behackte Fruchtfuhren nöthig sind, so wollen wir hier nur zwei Gespann,

also

also 8 Pferde in Anschlag bringen, damit nicht der Verdacht entstehet, als ob man durch vieles Zugvieh den Ertrag der Wirthschaft herabsetzen wolle. Die Grundsätze zur Veranschlagung sind übrigens schon im vorhergehenden dargestellt, daher wollen wir sogleich Punct für Punct in Anschlag bringen.

An Saat und Bestellungskosten sind dem vorhergehenden Pächter zu entrichten:

			Tlr.	gr.
112½	Schfl. Weitzenaussaat à 1 Tlr. 8 gr.		150 Tlr.	- gr.
200	— Roggen à 1 Tlr.	-	200 —	- —
125	— Gerste à 18 gr.	-	93 —	18 —
275	— Haber à 12 gr.	-	137 —	12 —
50	— Erbsen à 1 Tlr. 4 gr.	-	58 —	8 —
	Kleesaat auf 25 Morgen	-	25 —	- —
	Kartoffelnaussaat à 50 Schfl.		12 —	- —
	An Bestellungskosten	- -	800 —	- —
		Summa der Saat	1476 Tlr.	14 gr.

An Vieh ist nöthig anzuschaffen oder dem vorigen Pächter abzukaufen:

			Tlr.	gr.
8	Pferde à 100 Tlr.	- -	800 Tlr.	- gr.
26	Zugochsen à 40 Tlr.	- -	1040 —	- —
24	Kühe à 20 Tlr.	- -	480 —	- —
500	Schaafe à 2 Tlr. incl. Lämmer		1000 —	- —
		Summa für Vieh	3320 Tlr.	- gr.

An Geschirr sind nöthig:

			Tlr.	gr.
3	Erndtewagen à 12 Tlr.	- -	36 Tlr.	- gr.
		Latus	36 Tlr.	- gr.

Transport	36 Tlr.	.	gr.
5 kleine Wagen à 30 Tlr. - -	150 —	.	—
6 Pflüge à 4 Tlr. - - -	24 —	.	—
8 hölzerne Eggen à 1 Tlr. -	8 —	.	—
8 eiserne Eggen à 3 Tlr. - -	24 —	.	—
6 Betten für 12 Personen à 25 Tlr.	150 —	.	—
2 Betten à 50 Tlr. - - -	100 —	.	—
Für andere Mobilien in der Wirthschaft	100 —	.	—
— im Hauswesen - -	200 —	.	—
Für zwei Pferdegeschirre und Ochsengeschirr	75 —	.	—
Summa für Geschirr	867 Tlr.	.	gr.

Es ist also zur Uebernahme dieser Dreifelderwirthschaft ein Kapital von 5663 Rthlr. nöthig, was zu 4 pro Cent circa 227 Rthlr. beträgt.

Es kommen zu jährlichen Ausgaben:

1) Die zum Behuf des in der Wirthschaft stehenden Kapitals von 5663 Rthlr. jährlich abzutragenden Interessen - - -	227 Rthlr.	.	Gr.
2) Feuerassecuranz mit - -	80 —	.	—
3) Zur Unterhaltung eines Wirthschafters - - -	125 —	.	—
4) einer Ausgeberinn - -	80 —	.	—
5) des Meiers - - -	72 —	.	—
6) des Ochsenhirten - -	70 —	.	—
7) des Kuhhirten - -	70 —	.	—
8) des Schäfers - -	70 —	.	—
Latus	794 Rthlr.	.	Gr.

9) dreier

Transport	794	Rthlr.	- Gr.
9) dreier Schäferknechte -	180	—	- —
10) eines Hofknechts - -	45	—	- —
11) einer Hausmagd - -	40	—	- —
12) eines Viehmädchens -	40	—	- —
13) vier Ochsenknechte - -	180	—	- —
14) zweier Pferdeknechte -	100	—	- —
Ausser diesen genannten Menschen, sind, wenn wir auch der schwächern Erndte wegen, nur 22 Menschen zum Behuf derselben annehmen, noch 6 Drescherfamilien und zwei Tagelöhnerfamilien nöthig.			
15) Die Erndtekosten für 15 zu bezahlende Personen, bestehen in	100	—	- —
16) An Tagelohn für 5 Morgen behackte Früchte - -	10	—	- —
17) Eisen, Schmiedekosten, Theer und Rädemacherarbeiten -	180	—	- —
18) Tagelohn für Häckselschneider, Mist austragen, Aufladen und Breiten - - -	50	—	- —
19) Abnutzung und Ausbesserung der Mobilien und Geschirre -	100	—	- —
20) Abnutzung der Pferde à 10 pr. Ct.	80	—	- —
— der Ochsen à 5 pr. Ct.	52	—	- —
— der Kühe a 2 pr. Ct.	10	—	- —
Latus	1961	Rthlr.	- Gr.

21) Klee-

		Transport	1961 Rthlr.	• Gr.
21)	Kleesaame	- - -	25 —	• —
22)	Kleine Reparaturen	- -	35 —	• —
23)	Unbestimmte Ausgaben an Steinablesen, Holzhauen, Botenlohn		120 —	• —
		Summa aller Ausgaben	2141 Rthlr.	• Gr.

Das ganze Personale der Wirthschaft bestehet aus 38 Menschen, und vermindert sich also nur um zwei Personen gegen die Wechselwirthschaft. Nöthigenfalls könnten diese, der zu behackenden Früchte unbeschadet, dort auch noch fehlen. Man sieht also hieraus, daß die Klage über Mangel an Bevölkerung der Einführung der Wechselwirthschaft nicht im Wege steht.

Die Einnahme besteht bei dieser Wirthschaft, mehr im Getreide, als in den Revenüen der Viehzucht, nehmlich:

1) Weitzen à 112½ Schfl. Einsaat, zum 7ten Korn beträgt - - - 787½ Schfl. • Mtz.
ab: Drescherlohn 50 Schfl.
Saat - 112½ — 162½ — • —

bleiben zum Anschlage 625 Schfl. • Mtz.

2) Roggen à 100 Schfl. Saat, zum 6ten Korn aus der dritten Tracht - 600 Schfl. • Mtz.
zum 5ten Korn 100 Schfl.
aus der fünften Tracht - 500 — • —

Sum: 1100 Schfl. • Mtz.

ab

ab: Drescherlohn 68 S. 12 M.
Saatkorn 200 — - —
Pferdefutter 82 — 8 — 351 — 4 —

bleiben zum Anschlage 748 Schfl. 12 M.

3) Gerste à 125 Schfl. Saat zum
7ten Korn - 875 Schfl. - M.
ab: Drescherlohn 54 S. 11 M.
Saat - 125 — - — 179 — 11 —

bleiben zum Anschlage 695 Schfl. 5 Mtz.

4) Haber à 275 S. zum 4ten Korn 1000 Schfl. - Mtz.
ab: Drescherlohn 62½ Schfl.
Saat - 275 —
Pferdefutter 365 — - 702 — 8 —

bleiben zum Anschlage 297 Schfl. 8 Mtz.

5) Erbsen à 50 Schfl. zu 6sten Korn 30 Schfl. - Mtz.
ab: Drescherlohn 18 Schfl. 12 Mtz.
Saat - 50 — - —
Pferdefutter 100 — - — 168 — 12 —

bleiben zum Anschlage 131 Schfl. 4 Mtz.

6) Taback - - - - - 100 Cntr.
ab: die Hälfte den Planteurs - 50 —

bleiben zum Anschlage 50 Cntr.

7) 5 Morgen Kartoffeln à 500 Schfl.
ab: Aussaat - 50 —

zum Anschlage 450 Schfl.

Diesen

Diesen Gewinnst zu Gelde angeschlagen, beträgt:

1) Weitzen	625 S. à 1 Tlr. 8 gr.	833 Tlr.	8 gr.
2) Roggen	748 — à 1 — . —	748 —	. —
3) Gerste	695 — à . — 18 —	521 —	6 —
4) Haber	297 — à . — 12 —	148 —	12 —
5) Erbsen	131 — à 1 — 4 —	152 —	20 —

Summa 2496 Schfl.

Deputatkorn auf
22 Personen à 16
Sfl. abgerechnet mit 352 —

bleiben 2144 Schfl. zu verfahren, folglich fast eben so viel, als in der Wechselwirthschaft, aber leichteres Korn. Dagegen kommen 100 Cntr. Taback mehr.

6) 50 Cntr. Taback à 5 Rthlr.	250 Tlr.	. gr.
7) 450 Schfl. Kartoffeln à 6 gr.	112 —	12 —
8) 24 Kühe à 12 Rthlr. -	288 —	. —
9) 500 Schaafe à 16 gr. -	333 —	8 —

Summa der Einnahme 3387 Tlr. 18 gr.

Balance der Einnahme und Ausgabe in der Dreifelderwirthschaft.

Einnahme 3387 Rthlr. 18 Gr.
Ausgabe 2141 — . —

bleibt reiner Gewinn 1246 Rthlr. 18 Gr.

Dieser

Dieser geringe reine Ertrag wird demjenigen nicht wunderbar scheinen, der die Dreifelderwirthschaft als practischer Landwirth kennt. Ich will jedoch zum Beweise, daß nicht mehr, als 100 Morgen jährlich ausgedüngt werden kann, das Düngungsregister beifügen.

Es können ausgedüngt werden mit

8 Pferden	- -	5 Morgen
26 Zugochsen	- -	30 —
24 Kühen	- -	25 —
500 Schaafen à 8 Morgen		40 —
	Summa	100 Morgen.

Daß aber nicht mehr Vieh, als dieses gehalten werden kann, da weder künstlicher noch wilder Heugewinnst, noch Abtriften vorhanden sind, kann durch Nachweisung des Strohgewinnstes, den ich für eine solche Dreifelderwirthschaft noch viel zu reichlich angenommen habe, dargethan werden.

Es werden gewonnen

von 300 Morgen Winterkorn à 1400 Pfd. - -	420,000 Pfund
von 350 Morgen Sommerkorn und Erbsen à 1000 Pfd. -	350,000 —
Summa des Strohs	770,000 Pfund

1) Davon erhalten 26 Zugochsen, da sie keine behackten Früchte bekommen und keine Weide

de für sie vorhanden ist, pro Stück täglich 30 Pfund und jährlich 10950 Pfund, folglich - - - - 284,700 Pfund

2) 8 Pferde, welche gleichfalls auf dem Stalle gefüttert werden, pro Stück nach Art der Wechselwirthschaft 7300 Pfund, folglich - - 58,400 —
und dabei noch 365 Sfl. Haber 182 S. 8 M. Erbsen u. Roggen.

3) 500 Schaafe und Hammel excl. Lämmer pro 100 Stück 50,000 Pfund, folglich - 250,000 —
und außerdem 200 Morgen kahle Brachweide, und 25 Morgen Kleeweide.

4) 24 Kühe, welche nur in der Erndte auf die Stoppel gehen können, und nur mit Stroh 10 Monate lang im Stalle, täglich mit 28 Pfund pro Stück erhalten werden müssen, folglich auf 300 Tage pro Stück 8400 Pfund bedürfen, folglich zusammen - - 201,600 —

Summa an Strohbedarf 794,700 Pfund.

Balan-

Balance des Gewinns und Bedarfs in der Dreifelderwirthschaft.

Strohbedarf 794,700 Pfund
Gewinnst 770,000 —

Es fehlen folglich noch 24,700 Pfund, welche durch Schaaforthen oder künstliche Streu des Rindviehs ersetzt werden müssen. Es ist also in der Dreifelderwirthschaft, wenn der 9te Theil gedüngt werden soll, beim Mangel an wilden Heu, noch größerer Mangel an Stroh, als bei der Wechselwirthschaft, wo noch 43,100 Pfund Ueberschuß war. Die Stroherträge sind zwar geringer angenommen, als in der Wechselwirthschaft, aber doch noch sehr hoch für eine solche Dreifelderwirthschaft.

Vergleicht man nun den reinen Ertrag der Wechselwirthschaft mit dem der Dreifelderwirthschaft, so findet sich, da derselbe

bei der Wechselwirthschaft in	2683	Rthlr.	22 Gr.
in der Dreifelderwirthschaft in	1246	—	18 —

besteht, daß in ersterer noch

ein Ueberschuß von - 1447 Rthlr. 4 Gr.

vorhanden ist; und daß also jene weit eher 1500 Rthlr. an Pacht, als die Dreifelderwirthschaft 1000 Rthlr. entrichten kann. Soll letztere für das gedachte Gut 1000 Rthlr. an Pachtzins zahlen, so bleiben 236 Rthlr. 18 Gr. übrig. Die Wechselwirthschaft würde aber bei 1500 Rthlr. Pacht noch 1183 Rthlr. 22 Gr.

übrig

übrig behalten, und an den Staat eine Menge Mastochsen und andere Producte liefern, die die Dreifelderwirthschaft ohne Heugewinnst gar nicht kennt, weil sie Milch, Butter und Käse in der eignen Wirthschaft verzehrt. Ueberdies ernährt die Wechselwirthschaft ihre Arbeiter weit reichlicher, als jene, und bewirkt eine stärkere Geldcirculation.

Von der Mecklenburger Koppelwirthschaft würde sich beweisen lassen, daß ihr Ertrag grösser ist, als der der Dreifelderwirthschaft, jedoch der Wechselwirthschaft nicht gleich kommt, wenn diese Berechnung hieher gehörte. Theure Getreidepreise heben übrigens jede Wirthschaft im Ertrage, worauf aber hier nicht Rücksicht genommen werden konnte, weil jedes Wirthschaftssystem daran Theil nimmt und um so mehr, je mehr Producte es verkäuflich absetzen kann.

VI. Abschnitt.

Widerlegung einiger Einwürfe, welche gegen die Möglichkeit, Wechselwirthschaft in der Mark einzuführen, gemacht worden sind.

Unter den Einwürfen, welche man gegen die Einführung vorgeschlagener Wirthschaftsverbesserungen aufbringen kann, sind, wenn auch die Möglichkeit derselben, an sich betrachtet, erwiesen ist, keine wichtiger, als diejenigen, welche von der Localität hergenommen sind. Jeder Landwirth, der nur einigermaßen oekonomische Schriftstellerei kennt, weiß es aus Erfahrung, daß unter hundert Wirthschaftsverbesserungen, die an andern Orten mit Nutzen statt gefunden haben, vielleicht keine einzige in loco anwendbar ist, weil Himmel und Erde sich hier gleichsam mit ihrem veto widersetzen. Die schönsten Beispiele anderer Gegenden, was helfen sie mir, wenn sie so angethan sind, daß meine individuelle Lage ihre Nachahmung nicht verstattet! Daher sagt der Landwirth sehr häufig: Hier zu Lande geht dies nicht an; ländlich sittlich!

Freilich

Freilich sind diese Gemeinworte zuweilen wahr, denn wer kann den Felsen in ein grünendes Thal verwandeln, und zu dem Nordwinde sagen: Weiche hinweg von hier! Zuckerrohr aus Indien, und levantische Kaffeesträucher können wir hier zu Lande nicht pflanzen; da heißt es: ländlich sittlich. Es kann sich auch der Landmann im Großen mit Treibhäusern und erkünstelter Vegetation nicht befassen; der Garten soll nicht zum Acker und der Acker nicht zu Garten umgeschaffen werden. Die Hauptproduction des Landwirths soll im Getreide bestehen; aber mit dieser muß die Viehzucht ganz gleiche Schritte halten; jeder Vorsprung ist, wie die Erfahrung lehrt, nachtheilig. Uebertreibung der Viehzucht würde für den Ackerbau treibenden Staat Nachtheile haben; und Vernachlässigung der Viehzucht hat unmittelbaren Einfluß auf die Deterioration des Ackers und folglich auf den Getreidebau. Die Hauptvortheile der Viehzucht bestehen in dem davon gewonnenen Dünger; fehlt der Acker, um den Dünger anzuwenden und seiner Kräfte uns zu bemächtigen, so fällt die Hauptnutzung der Viehzucht hinweg. Und gleichwohl giebt es Gegenden, wo diese Trennung der Viehzucht vom Ackerbau durch Localität nothwendig wird, also hier gilt das Wörtlein: ländlich sittlich.

Aber häufig, häufig ist es auch bloß die Entschuldigung des Trägsinns und der Furchtsamkeit; häufig versteckt sich der Landwirth in die düstre Zelle desselben, um den Mangel seiner Industrie damit zu rechtfer-

rechtfertigen. Localitätsverhältnisse sollen dem alten Schlendrian zum Deckmandel dienen. Der Uebergang zu neuen Wirthschaftsverbesserungen macht einen ganz neuen Ideengang nothwendig, und was noch mehr ist, er macht Aufwand nöthig, ist mit Schwierigkeiten verbunden, und nicht selten bei zu raschen Schritten mit einem Risiko. Rasche und unüberlegte Schritte sind immer ein Fehler des Oeconomen, denn er ist kein Hazardspieler, der auf gut Glück die Karte schlägt. Ueberlegung und Prüfung müssen jeden seiner Schritte bezeichnen, und nur sie können ihm das Signal zu einer neuen Unternehmung geben. Aber wenn diese Unternehmung dann auch durch die Grundsätze der Vernunft gebilligt worden ist, und nach den Prinzipien logischer Gewisheit, des Kraftaufwandes werth ist, so gehört auch große Gutmüthigkeit und ein ziemlicher Theil von Phlegma dazu, um sich von Hindernissen besiegen und die Sache beim Alten zu lassen. Die meisten sprechen von Localität, ohne sie genau untersucht zu haben, sie sprechen von Unmöglichkeit, und haben die Möglichkeit noch nicht erprobt. Es ist aber viel leichter zu sagen: diese Frucht begünstiget mein Acker, weil ich gute Erndten davon ziehe, als zu behaupten, daß er zu einer Vegetation unfähig sey, zu deren Existenz man noch keine Vorbereitungen getroffen hat. Nur dann, wenn weder Muth, noch Kraft, noch Aufwand, noch Geschicklichkeit, noch Zeit, noch Geduld den Sieg erringen können, nur dann ist es nothwendig, sich gutmüthig unter das Joch der Unmöglichkeit zu fügen und ganz philosophisch den guten Willen für die That anzunehmen.

1) Ueber den vorgeblichen Menschenmangel.

Mangel an Menschen verdient unter den Einwürfen gegen die Wechselwirthschaft gewiß eine der ersten Stellen, weil wir nicht mehr zu den Zeiten des Deukalion und der Pyrrha leben.

Dieser Mangel kann entweder absolut oder bloß relativ seyn. Im letztern Falle fehlt es nur hie und da an Menschen, oder es fehlt nur zu gewissen Zeiten, oder es fehlt nur diesem und jenem Gewerbe und Nahrungsgeschäfte an Menschen, die sich dazu widmen. Letzteres ist gewiß in Deutschland der Fall. Dem Landmann fehlt es hie und da an Menschen, und zwar nur zu gewissen Zeiten nehmlich in der Erndte. Das ganze übrige Jahr hindurch hat er deren so viel, daß er sie nicht alle zu beschäftigen weiß. Liegt überdies noch ein Vorwerk in der Nähe eines Dorfes, so kann man, die Erndte ausgenommen, so viel Menschen erhalten, daß man wirklich den vierten Theil des ganzen Vorwerks mit Taback und andern Früchten anpflanzen könnte, wenn man nur Verdienst gegen Arbeit geben will. Ferner hört man bei städtischen Gewerben, wo nichts weniger als Dienstzwang herrscht, mehr wegen des Ueberflußes, als wegen Mangel an Menschen klagen. Da drängt sich alles zur Arbeit, jede Zunft, die Brod verschafft, ist mit Menschen überfüllt. Daraus

aus folgt aber wohl, daß der Menschenmangel bloß relativ ist, und daß man, freilich nicht durch Auflegung des Dienstzwangjoches, aber durch gute Belohnungen, Menschen an sich ziehen kann, die auch ihre Kinder, wenn sie des Brodes auf dem Lande so gewiß, als in der Stadt sind, und sich eine gute Behandlung von Seiten der Herrschaft versprechen dürfen, dem Landleben freiwillig widmen werden. Wenn es freilich, wie es jetzt in den meisten Dreifelderwirthschaften ist, außer der Erndte den arbeitsamen Leuten an Arbeit und gutem Verdienste fehlt und fehlen muß, wer kann sich dann wundern, wenn jeder, der nicht zwangspflichtig war, ein städtisches Gewerbe zu erlernen suchte? Daher kommt nun das Mißverhältniß, und die Klage über Menschenüberfluß in den Städten. Wer bleibt bei uns auf dem Lande? Der Besitzer einer größern oder kleinern Wirthschaft, der Dienstpflichtige und der gänzlich Ungeschickte. Wer Kopf und freien Willen besaß, ging in die Stadt und lernte ein Handwerk, oder fing auf dem Lande ein städtisches Gewerbe, und sollte es auch nur Schleichhandel seyn, an. Und selten kehrte einer aus der Stadt aufs Land zurück, und wenn er zurück kehrte, so war es gewiß ein solcher, den der Landmann noch weniger brauchen konnte, als der Stadtmann. Landwirthschaftliche Arbeiten können nur im Schweiß des Angesichts vollbracht werden, und was wird dem Arbeiter dafür? Magere Kost und Hunger, wenn er außer der Erndte wenig Verdienst fand, das dem Auf-

 wand

wand seiner Kraft gemäß war. Der Landwirth strebt nach Zwangsdienst, der mit wenigen Groschen abgefunden werden kann, und richtet sich in der Anordnung seiner Geschäfte weislich darnach ein, daß er mit seinen unterthänigen Dienstbothen seine Arbeiten vollenden kann. Ist es also wohl dem Manne zu verdenken, daß er lieber in der Stadt sein Fortkommen sucht, als sich auf dem Lande dem Ohngefähr preis giebt? Jeder Mensch sucht seinen Zustand zu verbessern, wenn er nicht wie ein Galeeren-Sclave angeschmiedet ist. Nur da, wo Arbeit und Verdienst ist, nur da ist die Aufhebung der Unterthänigkeit keine kritische Operation, die Menschen finden sich wie Bienen auf der Rübsaamenblüthe ein. Wie unverkennbar wohlthätig wirkt nicht diese weise Einrichtung der glorreichen Dänischen Regierung im Holsteinschen, auf Industrie und Kunstfleiß! So groß auch anfänglich die Klagen der Gutsbesitzer und Pächter über diese Operation waren, eben so stark und laut klingt jetzt ihr Dank darüber der Regierung entgegen, die diese Maaßregel mit so festem und unerschütterlichem Willen durchzusetzen bemühet war. Mit dem Verdienste, das wir in der Erndte den Arbeitern geben können, reicht heut zu Tage der Mann mit Frau und Kind nicht aus. Zeigt ihm nur auch außer der Erndte ein gewisses Stücklein Brod, er wird sein Häuschen nicht verlassen. Hat er aber dazu keine Aussicht, so wandert er lieber in der Wüste Arabiens umher, als daß er sich bloß auf gut Glück seinem Herrn zu Füßen legen sollte.

Dar-

Darum ist freilich das Wörtlein: Muß, welches mit dem Dienstzwange verbunden ist, und an welches sich viele Herrn nur zu sehr gewöhnt haben, eine so vortrefliche Sache für den Gutsbesitzer und Pächter.

Ein Glück für unsere Mark war es daher, gegen andere Staaten in unsrer Nachbarschaft, daß wir bei diesen theuren Zeiten, durch ein Product unsers Ackers, den Taback, der arbeitenden Klasse ausser der Erndte Verdienst und Arbeit geben konnten. Wohlthätig wurde er allen denjenigen Gegenden der Mark, wo man einen starken Wiesewachs und Waldtriften hatte, um dieses Gewächs in der Brache anbauen zu können. Wohlthätig wurde er dadurch, daß der Preis desselben nicht unter die Kosten des Anbaus herabgesunken, sondern durch die Aufhebung des Monopolienhandels in einen solchen Preis gekommen war, daß der Gutsbesitzer sich desselben befleißigen konnte.

Ob aber dieser vermehrte Anbau des Tabacks nicht auf die Getreideerndten Einfluß gehabt habe, ob er nicht an vielen Orten angebauet worden ist, wo Getreide hätte wachsen können, ob er nicht zum Theil die Theurung des Getreides mit bewirkt habe, — das ist eine andere Frage. Der Taback giebt dem Lande nie den Nahrungsstoff wieder, welchen er raubt; er bleibt immer eine verzehrende Frucht. Seine Kultur, welche durch die Hacke geschieht, befördert zwar die Ausrottung des Unkrauts, wirkt auf die Auflockerung des Ackers, und verursacht daher, daß das nachfolgende Getreide gute Erndten und in Sandboden fast eben so gute Erndten giebt, als wenn das Getreide unmittelbar in frischen Mist gekommen wäre. Taback selbst aber wächst nicht ohne Mist zum deutlichen Beweise, daß er eine Frucht ist, die vielen Nahrungsstoff bedarf, welches auch schon sein öligtes und brennbares Wesen verräth.

Er ist also bloß für solche Orte, wo Ueberfluß an Heu und Abtriften ist, *) weil er den Bezirk der Weide einengt und nur in frischem Miste erzielt werden kann. Er entziehet dem Felde Nahrungsstoff, den er durch seinen Rückstand nicht völlig wieder giebt. Nur die gute Kultur, die Auflockerung des Bodens, und die Ausrottung des Unkrauts, welches im Acker und im Miste war, sind wohlthätige Folgen desselben. Und dazu kommt nun noch die Einträglichkeit desselben für den Wirth, die wenigstens in sofern den oekonomischen Prinzipien gemäß war, daß der Wirth dadurch seinen Leuten, die er in der Erndte brauchte, auch außer der Erndte Arbeit

*) Wir haben doch beiderseits, sagt Herr Thaer in seiner Beurtheilung S. 385, nichts dagegen, diesen, so wie den Bau anderer Handelsgewächse, in unserer Brache zu dulden, sobald sie größer ist, als wir sie zu Futtergewächsen bedürfen. Durch die Pferdehacke kann er auch sehr erleichtert werden. Aber nichts paßt, nächst den Futtergewächsen, besser in die Brache und ist erträglicher, wie die auf 2 oder 2½ Fuß in die Pflugfurche gesäeten Pferdebohnen auf Thon- und Lehmboden und der gesteckte Mays auf Mittel- und Sandboden, mit der Pferdehacke ohne weiteren Handschlag bearbeitet. —

beit und Verdienst geben konnte, und also auch in dem Falle sich Arbeiter in der Erndte versprechen konnte, wenn ihm nicht die Gerechtigkeit des Dienstzwangs solche zusicherte.

Aber da der Preis des Getreides jetzt in einem stärkern Grade, als der Preis des Tabacks steigt, da der Tabacksbau wegen der dazu gehörenden Gebäude, worin er getrocknet wird, nur eingeschränkt bleiben kann, und da die Zahl der Menschen, die außer der Erndte Arbeit suchen, immer grösser wird, so lehrt es mich schon jetzt eine traurige Erfahrung, daß ich viele Leute, die sich als Planteurs bei mir melden, abweisen und um doch so vielen, als möglich ist, zu helfen, den District jedes einzelnen sehr verkleinern muß. Ueberdies steigt der Preis des Heues, welches auf dem Amte Chorin aus dem Oberbruch in Menge angekauft worden ist, immer mehr; die Preise des Tabacks sind dagegen eben so unsicher, als der Gewinn desselben in manchen Jahren kaum die Hälfte anderer Jahre beträgt. Der Transport desselben ist mit Kosten und Umständen verknüpft, und der Verkauf bei der großen Menge, die zu Markte gebracht wird, zu manchen Zeiten bloß dem guten Willen der Käufer überlassen, da er, streng genommen, mehr Sache des Luxus als ein Bedürfniß ist. Sollten diese Unannehmlichkeiten nicht auch bei andern Oekonomen eine gleiche Wirkung, wie bei mir, erweckt haben? Sollten sie nicht auch darauf gedacht haben, durch den Anbau anderer Früchte, die mit dem Getreide-

debau

debau in einer noch engern Verbindung stehen, und weit wohlthätiger auf denselben wirken, als der Tabacksbau, die Stelle desselben zu ersetzen?

Die gute Kultur, die der Tabacksbau in dem Lande hinterläßt, und der Verdienst der arbeitsamen Klasse, waren die wohlthätigsten Folgen desselben. Beide Endzwecke können wir eben so gut bei dem in den vorigen Abschnitten vorgeschlagenen Wirthschaftssystem erreichen. Der Anbau der zur Futterung und Mastung bestimmten Wurzelgewächse und behackter Früchte anderer Art, giebt, da er nach Belieben vergrößert und eingeschränkt werden kann, einer beliebigen Anzahl von Menschen Arbeit und Verdienst. Der dazu brauchbaren Früchte sind so vielerlei, daß sich der Anbau derselben nicht bloß auf gewisse Güter beschränkt, wie dies offenbar beim Tabacksbau der Fall ist. Der dazu erforderliche Raum an Gebäuden ist viel kleiner als der, der beim Taback zum Trocknen erfordert wurde, und im Nothfall können Gruben *) die Stelle des Vorrathsmagazins vertreten, die

*) Herr Thaer empfiehlt uns in dem 3ten Theil seiner Einleitung zur Kenntniß der englischen Landwirthschaft S. 373 ff. folgende Methode zur Aufbewahrung der Kartoffeln: „Weit sicherer geht man (gegen Gruben), wenn man die Kartoffeln auf „einem freien Platze in einem langen dachförmigen Haufen auf „einer Unterlage von Stroh zusammenbringt, diesen Haufen „dann einen Fuß dick mit Stroh belegt, und nun auf beiden „Seiten des Haufens her die Erde aussticht, und damit das „Stroh belegt, so daß ein Fuß dick Erde, die mit Bretern fest„geschla-

die in Feuersgefahr noch überdies viel sicherer sind, als Korn- und Tabacksböden, und bei gehöriger Kenntniß und

---

„geschlagen wird, das Ganze bedeckt. Dem durch Ausstechen „der Erde entstandenen Graben muß man einen Abzug geben. „So haben sich die Kartoffeln und andere Gewächse in den här- „testen Wintern völlig unversehrt erhalten; indem das Stroh, „wenn der Wind es nicht durchziehen kann, alle Ableitung der „Wärme verhütet. In dem Winter $180\frac{2}{3}$ drang der Frost in „alle Gruben ein, aber nicht in Haufen, welche auf die beschrie- „bene Weise angelegt waren.“ — Mir ist diese Methode nicht unbekannt, ich habe sie sogar schon in den Jahren 1802 und 1803 manchem meiner verehrten Correspondenten nach fernen Gegenden hin empfohlen. Ich finde aber doch daß man ihr, um wegen des Frostes völlig außer Sorgen zu seyn, noch folgende Sicherheitsmaaßregel zusetzen müsse, als: 1) nehme man zwei leichte einen Fuß breite Breter, die etwas länger als das for- mirte Dach sind, und füge diese von der obern Seite fortlau- fend in einem rechten Winkel zusammen, und setze diese dachar- tige Figur auf die obere scharfe Kante des Erddaches, damit nicht der Sturm diese Kante breche und bei starkem Regen ein den Früchten schädliches Durchnässen verursache. 2) Bei eintre- tendem Frost und zwar am besten, wenn dieser die oberste Erde des Daches bereits um einige Zoll durchdrungen hat, nehme man langen frischen besonders Pferdemist, und belege das Dach damit um einen Fuß dick, und lasse dann so die darunter lie- genden Früchte ganz unbesorgt liegen. In diesem Zustande kann ihnen weder der Frost noch die Frühjahrswärme, wie in Kel- lern, schaden. Die Erde friert selten weiter als sie vor dem Aufbringen des Mistes gefroren war, und nur spät im Frühjahr thauet dieselbe unter dem Miste auf; sie erhält also die Früchte in dem ihnen angemessenen Grade von Kühlung, bewirkt auch das Ableiten der sich durch den Mist ziehenden Frühlingsfeuch- tigkeit; die innere Bedeckung der Früchte mit Stroh kann als- dann um die Hälfte vermindert werden.

und Vorsicht, ohne Nachtheil der aufbewahrten Früchte zu gebrauchen sind. Der dadurch entstehende große Vortheil durch Kuhmelkerei, Mastung und Fütterung des jungen und alten Viehes ist so ausgezeichnet groß, und eignet sich viel besser zu großen Wirthschaften als der Tabacksbau, weil alle Marktfuhren bei gemästeten Vieh erspart werden, die doch der Taback nothwendig machte. Die Abwartung dieser Früchte und die Erndte derselben fallen sämmtlich in die Zeit außer der Getreideerndte, welches bei dem Taback nicht immer geschieht, weil er geblattet werden muß, wenn er reif ist, und ohne Nachtheil dieses nicht aufgeschoben werden kann. Die Erndte des frühen Tabacks fällt daher oft in die Getreideerndten, und das Köpfen und Geitzen des spätern auch oft in dieselbe Zeit. Alles dieses ist bei dem Anbau der Kartoffeln und anderer behackten Früchte nicht der Fall, weil die Erndte derselben ohne Gefahr bis zu einer beliebigen Zeit nach der Erndte verschoben werden kann, und fällt ohnedies erst immer gegen Michaelis, wo die Getreideerndte längst vorbei ist, und wo gute Wirthe selbst mit der Wintersaat meist schon fertig sind. Und wie unverkennbar wichtig ist endlich der Hauptvortheil, der mit behackten Früchten verbunden ist, nehmlich die durch sie vermehrte Düngermasse. Wenn der Taback nur für solche Gegenden ist, welche viel natürliches Heu gewinnen und Mist in Ueberfluß haben, so sind diese besonders für solche Gegenden geeignet, wo wenig oder gar kein wildes Heu gewonnen wird, und wo es also nicht nur am Miste

fehlt,

fehlt, sondern wo überdies auch der wenige Mist nur ein strohiges Gewebe ist, von welchem der Acker nicht einmal die Hälfte der Kraft wieder bekommt, die ein fetter Mist ihm gewähren würde. Denkenden Wirthen habe ich, wie ich glaube, schon zuviel gesagt.

Wir pflanzen also, um sowohl unserer Futternoth, als auch dem Mangel an Verdienst bei unsern Taglöhnern abzuhelfen, so viel behackte Früchte, als die Anzahl unserer Leute es erlaubt. In unserer dargestellten Wirthschaft fanden wir den 9ten Theil des Feldes dazu hinlänglich, weil er mit der Menschenzahl, die wir in der Erndte nöthig haben, im besten Verhältniß steht.

Glücklich würde freilich derjenige Staat und dasjenige Land seyn, wo der vierte Theil einer ganzen Provinz auf diese Art mit behackten Früchten, seyen es Wurzelgewächse, oder Pferdebohnen oder andere Getreidearten, bestellt werden könnte. Die Anzahl der arbeitenden Klasse verstattet dieses in Deutschland wohl noch nicht, wenigstens noch nicht an allen Orten. Folgt aber daraus, daß die Einführung dieser Wirthschaft bei uns nicht möglich sey? Hatte denn die Einführung des Kartoffelbaues im verflossenen Jahrhundert gleich ursprünglich eine solche Extension in Deutschland, wie jetzt? Und war die Einführung dieser Frucht deshalb bei uns nicht möglich, weil sie nicht gleich allgemein seyn konnte? Ich dächte, eben so könnte es mit der Wechselwirthschaft werden. Erst kann sie auf einzelnen Gütern und von Wirthen eingeführt werden, welche genug Specula-

tions-

tionsgeist haben, um sich aus der alten in die neue Wirthschaft hinein zu arbeiten. Allmählig wird sie sich weiter verbreiten, und endlich, so viel, als es kleine Bauergüter möglich machen, auch auf diese und also auf ganze Provinzen angewendet werden. Erst werden wir den 9ten Theil mit behackten Früchten bestellen, und wenn sich die Menschenmenge auf dem Lande so vermehrt, daß deren ein solcher Ueberfluß ist, wie jetzt in den meisten Städten, alsdann werden wir den sechsten und endlich wohl gar den vierten Theil des Landes mit der Hacke bearbeiten. In diesen letzten Epochen wird sich die Stallfütterung an die Wechselwirthschaft anschließen, und folglich die Landwirthschaft in dem Grade sich erhöhen, und ihre Producte sich vervielfältigen, als das Bedürfniß der mehrern Menschen es nöthig macht. Alles wird hier stufenweise gehen, nichts schadet mehr, als Uebereilung und unvorbereitete Thätigkeit. Der theure Preis des Getreides und des zu kaufenden Heues geben uns jetzt die schönste Aufforderung, auf mehrern Futtergewinn und auf bessere Düngung und edlere Kultur des Landes zu denken. Unsere über fehlende Arbeit in vielen Jahreszeiten klagende Nebenmenschen, die oft kaum das liebe Brod verdienen, geben uns Winke und Ermahnungen, ihrem Kummer durch Anlegung von neuen Nahrungsquellen abzuhelfen. Die meisten Landwirthe haben in den verflossenen Jahren den Werth der Industrie kennen gelernt, sie haben sich zum Theil auch in einen solchen Vermögenszustand gesetzt, daß sie, wenn sie nur wollen, ein Kapital an die ersten Meliorationen und Vorbereitungen zu einer angestrengteren Wirthschaft wenden können. Haben sie nur Hoffnung, dieses Kapital mit reichen Zinsen wieder zu erhalten, und dadurch dem Staate den ersten Dienst, Vermehrung der Producte, zu gewähren, so traue ich es dem Speculationsgeiste unserer Zeit zu, daß er davon Gebrauch machen wird. Ich selbst bin nicht einer von denen, die mit voller Börse diese Wirthschaft angefangen haben; gerade das Gegentheil verlieh mir das Schicksal; aber gleichwohl genieße ich jetzt das beruhigende Vergnügen, daß mir der Wille, etwas Gutes dadurch zu stiften, nicht mit bittern Früchten vergolten worden ist. Vielmehr haben sich meine Vermögensumstände dabei in dem Grade verbessert, daß ich jetzt, auch ohne in dem Besitz einer Wirthschaft zu seyn, sehr anständig davon leben könnte. — Man lege mir diese Bemerkung nicht als Prahlerei aus; ich glaubte sie hier beibringen zu müssen, weil der gemeine Haufe, der nur an Zeichen und Wunder zu glauben gewöhnt ist, selbst dann noch, wenn alle übrige Einwendungen gehoben sind, darauf provozirt, daß bei dieser Wirthschaftsart noch Niemand reich geworden sey. Ich verweise den Ungläubigen in dieser Hinsicht auch noch auf die Revenüen-Vermehrung des Kammerherrn von Juel auf Torsing, eines fast unerreichbaren Landwirths, welches nächstens, ich schreibe dieses im Februar 1805, vom Herrn Thaer in seinen Annalen des Ackerbaues, und von mir in der Sanders-

leben-

lebenschen oeconomischen Zeitung aufgestellt werden wird. Das Beispiel selbst fließt aus der Feder eines nach Wahrheit forschenden sehr scharfsichtigen Beobachters. — Diese Umstände berechtigen mich zu dem gerechten Vertrauen auf alle edlen Wirthe des Preußischen Staats, daß sie sich von der Nützlichkeit der Wechselwirthschaft noch mehr überzeugen, und kein Geld zur zweckmäßigen Anlegung derselben sparen werden. Giebt es doch so viele Männer, die dies nicht sparen, wenn sie in ihrer Nachbarschaft ein Landgut um billige Preise dazu kaufen, oder ihr Land auf diese Weise vergrössern können. Sollten sie mehr die Regeln der Sparsamkeit beobachten, wenn sie ihr Land der Qualität nach erhöhen können. Nein gewiß auch hier hat man unrecht, wenn man die Möglichkeit der einzuführenden Wechselwirthschaft

2) aus dem Grunde des Geldmangels bestreitet.

Allerdings ist es wahr, daß in den ersten Jahren, in welchen man die Umwälzung der Wirthschaft anfängt, einige Aufopferungen nöthig sind. Es sind Vorschüsse nöthig an die Arbeiter, die man im Verding angestellt hat, es muß eine ansehnliche Menge Vieh, und sollte es die ersten Jahre auch nur das mehrere Mastvieh seyn, angekauft werden. Der Schlag, welcher den behackten Früchten gewidmet ist, muß voll frischen Mistes, oder doch in kraftvollem Zustande seyn. Der Schlag, in welchem das Wickenheu gebauet wird, muß dem Getreide geradezu entzogen werden. Folglich wird bei

bei unserer Wirthschaft, wenn wir auch annehmen, daß die behackten Früchte in der Brache gebauet werden, ein Flächeninhalt von 100 Morgen durch das Wickenheu dem Getreidebau entzogen. Der Getreidebau kann noch nicht in dem Maaße ergiebig seyn, als ihm an Quantität der Aussaat abgeht, weil das Land noch eben so wenig innere Kraft hat, als vorher. Es wird folglich zwar nicht an Stroh fehlen, weil dieses durch das Wikkenheu schon im ersten Jahre ersetzt wird; aber am Getreide im Scheffel wird ein Ausfall im ersten Jahre und auch noch im zweiten erfolgen. Die Weide wird eingeengt werden, weil der dritte Theil der Brache mit behackten Früchten bestellt ist. Alles dieses ist wahr, und ich gestehe gern zu, daß diese Aufopferungen für einen Pächter, der das Gut nur auf sechs oder neun Jahre in Zeitpacht hat, abschreckend sind, weil es ungewiß ist, ob in diesen Jahren das Kapital nebst Zinsen wieder ersetzt wird; aber werden sie auch für den Eigenthümer eines solchen Landguts abschreckend seyn, oder für den Pächter, der das Gut auf einen dreimaligen Umlauf, folglich auf 27 Jahre gepachtet hat? Der müßte doch die Einsichten deutscher Wirthe ganz verkennen, der dieses geradezu behaupten wollte! Ich habe schon vorhin meine Meinung gesagt, und verbleibe dabei, so lange mich nicht die Erfahrung in dieser Sache vom Gegentheil überzeugt.

Ferner sagt man, daß Wechselwirthschaft bei uns deshalb nicht möglich sey,

3) weil in England ein besserer Boden, eine gemäßigtere Luft und mehr Gelegenheit zur künstlichen Kalkdüngung und Wiesenwässerung sey.

Ich habe diese Einwürfe zusammengestellt, weil sie unter sich, nehmlich ihrer Unwichtigkeit wegen, die größte Aehnlichkeit haben. Gerade wenn man das Gegentheil von dem beweisen wollte, was man beweisen will, würde man nichts Triftigeres sagen können, als dies, was in diesen Einwürfen liegt. Wenn der Boden in England durch seine natürliche Güte und durch seine Kalkdüngung und Wässerungsanstalten so in Kraft gehalten werden könnte, warum sucht man durch den Anbau der Futtergewächse thierischen Mist zu gewinnen? Warum baut man nicht Getreide auf Getreide, da es so sehr an diesem Producte fehlt? Warum hat man den alten Fruchtwechsel in drei Feldern fast gänzlich abgeschafft?

Meines Dafürhaltens hat der arme Boden eines wohlgewählten Fruchtwechsels und einer reichlichen Düngung viel nöthiger, als der von Natur kraftvolle und gleichsam unerschöpfliche Fruchtboden. Ich würde also so schließen:

Wenn der Engländer bei seinem unerschöpflich guten Boden es für besser hält, etwas weniger Getreide zu säen, um dafür Futtergewächse mit vielen Kosten anbauen zu können, so müssen wir, da wir schlechten Boden, ein ungünstiges Klima und wenig Kalk und Wässe-

Wässerungsdüngungen haben, um so mehr uns befleißigen, Futtergewächse anzupflanzen, damit wir durch Mist und Kultur den Mangel der natürlichen Güte ersetzen. Wo die Natur wenig gethan hat, da muß die Kunst desto mehr thun.

Aber hat denn der Engländer von Natur diesen gesegneten Boden? Allgemein gut kann er unmöglich seyn, denn noch heut zu Tage liegt ein großer Theil des Königreichs mit Heidekraut überzogen, und wird eben jetzt zum Theil in Lotterien ausgespielt. Nur einige Provinzen legen sich mit Leib und Seele auf den Ackerbau und dämmen, wie Reisende uns erzählen, den Flugsand durch Wälle und Hecken und besonders durch Düngungs-Vermischung mit Mergel und kostspieliger Kultur. Es ist wahr, daß man dann nach Verlauf von mehreren Jahren den Sand nicht mehr vor der Dammerde hervorstechen sieht; aber wer ist der Urheber dieser Metamorphose? Düngung und Industrie. Daher sagt John Middleton in seiner Beschreibung der Landwirthschaft in der Grafschaft Middlesex: *)

„Reiner Sand- Kies- und strenger Thonboden ist „jetzt vielleicht in keinem Theile der Grafschaft mehr „zu finden. Die obere Erdlage ist überall durch die „Einwirkung der Elemente, durch Dünger und Kul-

„tur

*) Uebersetzt von K. A. Nöldechen 1ster Theil. Berlin und Stettin 1800. S. 15.

„tur verbessert und verändert worden, so daß aller „Acker mehr oder weniger ein lehmigtes Ansehen erhal„ten hat. Auf den Hügeln findet man Sand und „Kies als die Hauptbestandtheile des Bodens, au„ßerdem aber kann man die verschiedenen Arten des „Middlesexschen Bodens in folgende Klassen theilen: „lehmigter Sand, sandiger Lehm, strenger Lehm, „lehmigter Thon, und reiner Thon, welches der un„dankbarste Boden ist, der sich denken läßt."

Von Klima sagt er S. 5. „Die gewöhnlichsten „Winde sind von Südwest nach Nordwest, und von „Südost nach Nordost. Die Temperatur der Luft „ist sehr veränderlich und bleibt sich selten einige Tage „lang gleich; auch ist die Witterung eines Jahres von „der des folgenden ganz verschieden, sowohl in Rück„sicht der Temperatur, als auch der Feuchtigkeit und „des Regens. Der Winter ist zuweilen empfindlich „kalt, und es frieret mit unbedeutenden Zwischen„räumen vom November bis May. Zuweilen sind „die Gewässer nur 10 bis 12 Tage lang gefroren. „Gewöhnlich friert es im November und December „nur wenig und diese Monate sind in der Regel neb„licht und feucht. Der stärkste Frost findet sich ge„wöhnlich im Januar ein, der Februar ist fast im„mer feucht und gelinde, und der März kalt und „trocken. Die Sommermonate sind eben so abwech„selnd und zuweilen sind drei derselben sehr warm, „obgleich man zu einer andern Zeit kaum eine Woche

„hin-

„hindurch recht warme Tage hat; in jedem Falle „aber ist die letzte Hälfte des July am heißesten. In „der letzten Hälfte des Augusts fallen häufig sehr „schwere Regengüsse. Das Thermometer steigt zu„weilen bis zu 80° Fahrenheit, sehr selten bis auf „86°, die gewöhnlichste Sommerwärme ist von 65 „bis zu 75°. Im Winter fällt das Thermometer „zuweilen bis auf 15°, sehr selten aber nur bis zu „Fahrenheits °, oder dessen künstlichen Gefrierpunct. „Der gewöhnliche Thermometerstand ist bei Frostwet„ter zwischen 20 bis 30°, wenn es aber nicht friert, „ist er zwischen 40 und 50°."

Hieraus geht hervor, daß der Unterschied zwischen dem englischen und deutschen Boden, zwischen jenem und unserm Klima nicht so groß ist, als diejenigen meinen, die das Gedeihen der Wechselwirthschaft in England auf diesen Grund reduziren wollen.

Gesetzt aber auch, es vereinigte sich in England alles, was die Vegetation und die Verbesserung des Bodens begünstiget, so würde daraus folgen, daß die Production des Landes in England sowohl bei der Dreifelderwirthschaft, als Wechselwirthschaft größer sey, als bei uns. Wir müssen uns also begnügen, deutschen Boden und deutsches Klima zu haben, und müssen mit den Producten zufrieden seyn, die der deutsche Fleiß unter diesen Umständen generiren kann. Aus diesem Grunde berechne ich nicht den Ertrag meines Ackers nach englischen Ertragstabellen, berechne die

Nutzung meines Viehes nicht nach den Nutzungsanschlägen jener Insel, sondern nach Prinzipien, welche mir deutsche Oeconomie und meine eigne Erfahrung an die Hand geben. Stimmen diese zum Vortheil der Wechselwirthschaft, so bin ich zufrieden und streite weiter mit Niemanden. Fast eine gleiche Bewandniß hat es mit folgendem Schluß, mittelst welches man

4) von dem eignen Getreidemangel der Engländer *)

auf die wenige Ergiebigkeit ihrer Wirthschaft schließt. Der theure Preis, zu welchem die Engländer Getreide vom festen Lande kaufen, ist, sagt man, ein offenbarer Beweis, daß ihre Wirthschaft den Getreidebau vernachläßiget. Würden wir sie in Deutschland auch nachahmen, so würden wir vielleicht in funfzig Jahren eben

*) Herr Thaer sagt in seiner mehrgedachten Beurtheilung Seite 386, indem er erst die vorhergehenden Einwürfe als gar nichts sagende angegeben hat, von diesem: „der gewöhnliche, den wohl „keiner weiter aufstellen wird, der des 2ten Bandes 2ten Theil „meines Buchs über englische Wirthschaft gelesen hat. Grade „daß diese Wirthschaft in England sich auf so kleine Flecke be„schränkt, ist nach der einstimmigen Meinung aller Engländer „die einzige Ursach des Getreidemangels auf dieser volkreichen „Insel. Ließe Britanniens Verfassung eine so weise und wirk„same Gemeinheits-Theilungs-Legislatur zu, wie sie dessen „Monarch uns neuerlich gegeben hat, und gäbe man durch ein „Grundgesetz, daß Ausfuhr nie verboten werden solle, den Land„wirthen die Sicherheit, daß ihre Producte nie unter ihren ver„hältnißmäßigen Werth fallen könnten; so wäre dem bald abzu„helfen, und England würde wieder Getreide ausführen."

eben so viel Getreide aus dem Auslande kaufen müssen, als die Engländer jetzt.

Der sonderbarste Schluß, den ein vernünftiger Mensch vorbringen kann, ist oft im Stande zu blenden, und auch solche von der guten Sache abzubringen, die sich gewiß derselben mit Eifer unterzogen haben würden. Die Engländer haben Theurung im Lande, das ist wahr; allein ist denn vernachläßigter Getreidebau die einzige Ursache der Theurung? Kann sich eine Wirkung nicht aus mehreren Ursachen entwickeln? In einigen Provinzen von England ist auch die Dreifelderwirthschaft noch übrig geblieben; warum schiebt man die Schuld nicht auf diese? Eins würde so unrecht seyn, als das andere. Wenn der obige Schluß nur irgend mit Konsequenz auf England angewendet werden sollte, so müßte man daraus gerade das Gegentheil beweisen können; wenigstens würde man dazu mehr berechtiget seyn, als zu dieser Folgerung. Nichts scheint mir so triftig zu beweisen, daß Wechselwirthschaft dem Getreidegewinnst vortheilhaft ist, als gerade der theure Preis und der Mangel an Getreide in England. Wenn diese Insel einen so großen und reichen Getreide tragenden Flächeninhalt und sehr wenig Einwohner hätte, so daß daraus ein solcher Ueberfluß an Getreide entstünde, daß dieses Product so wohlfeil, wie der Sand am Meere wäre, so würden wir sagen können: der Engländer hat nicht nöthig bei seinem Ackerbau auf Getreide Rücksicht zu nehmen; er bedarf davon wenig, hat schon mehr als er braucht,

braucht, und folglich befleißiget sich der gute Wirth mehr der Viehzucht, weil diese ihm einträglicher ist, als der Getreidebau; und aus diesem Grunde findet er diese und jene Wirthschaft vortheilhafter. Also nur unter dieser Voraussetzung, daß der Getreidepreis sehr niedrig wäre, würde man schließen können, daß der Engländer den Getreidebau bei der Wechselwirthschaft vernachläßigen dürfe, und die Viehzucht nicht des Getreidebaus, sondern ihrer selbst wegen treibe. Da aber die Voraussetzung unrichtig ist, so ist auch die Folge unrichtig. Der Getreidepreis ist hoch, folglich wird der Engländer den Anbau dieser Frucht nicht vernachläßigen. Oder hätten die Herrn, die jenes behaupten, lieber nach dem vormaligen Polen, welches bekanntermaßen Getreide genug ausgeführt hat, gehen und dort Wirthschaft erlernen wollen? Ich möchte mich schwerlich aus diesem Grunde dazu entschlossen haben. Der Getreidebau leidet durch Uebertreibung eben so sehr, als durch gänzliche Vernachläßigung desselben; diese Wahrheit wird selbst durch unsere reine Brache bestätiget. Würden wir auch diese noch mit Getreide besäen, so würde gänzliche Erschöpfung gewiß die meisten Aecker bald gänzlich unbrauchbar machen. Schade nur, daß diese reine Brache nicht allein im Stande ist, die Fruchtbarkeit des Landes in dem Grade zu erhalten, als zwei darauf folgende Getreideerndten es aussaugen. Darum säet der Wechselwirth circa eben so viel Futterkräuter, als Getreide; befleißiget sich der Viehzucht in einem gleichen Verhält-

niß,

niß, wie des Ackerbaues, und ziehet von beiden auf diese Art den größten Nutzen. Wer mit dieser Erklärung noch nicht zufrieden ist, der lese in Thaers Einleitung zur englischen Wirthschaft die statistischen Ursachen der jetzigen Getreidetheurung in England. Aus der Geschichte wird man den Beweis dieses Einwurfs nicht führen können und nach oeconomischen Grundsätzen noch viel weniger. Es wird ferner behauptet, daß Wechselwirthschaft

5) nicht auf großen Gütern, sondern nur auf kleinen Wirthschaften, und zwar nur in der Nähe grosser Städte anzuwenden sey.

Wie kommen aber die Gegner auf solche Einfälle? Soll denn etwa die reiche Production von behackten Früchten zu Markte gebracht und der Ertrag dieser Wirthschaft auf den Verkauf derselben gegründet werden? Keinesweges, ich kaufe sogar meinen Planteurs ihren Antheil am Gewinnste ab, damit ich noch mehr Futter für mein Vieh und mehr Mist erhalte. Oder kommt man etwa darum auf diesen Einwand, weil die Engländer keine großen Wirthschaften haben? Die Geschichte lehrt, daß in England zum Theil grössere Wirthschaften sind, als in Deutschland; denn Landgüter von 4000 Morgen sind doch wohl keine Kleinigkeit? Uebrigens weiß jeder Landwirth, daß auch in einer gewissen Entfernung von großen Städten, wo man Getreide absetzen kann, Vieh gemästet und ver-

verkauft werden kann. Güter, welche zwischen 900 und 1500 Morgen Land um ihre Wirthschaftsgebäude herum haben, schicken sich zu dieser, so wie zu allen Wirthschaftsarten am besten, und diese sind auch in unserer Mark unter den großen Wirthschaften die häufigsten. Endlich sagt man von der Wechselwirthschaft, sie sey deshalb von keinem Einfluß auf die Erhöhung der Vegetation, weil

6) alle Gewächse einerlei Nahrungsstoff aus der Erde ziehen. *)

Diese physicalische Gelehrsamkeit sollte wohl der Wechselwirthschaft den letzten Stoß geben. Der Zusammenhang ist leicht einzusehen: Wenn alle Gewächse einerlei Nahrungsstoff aus der Erde ziehen, so kann auch ein aufs beste gewählter Fruchtwechsel nichts helfen. Man

*) Theoretisch, sagt Herr Thaer S. 387, ist das keinesweges erwiesen. Quantitativ sind die unzerlegbaren Stoffe in allen Gewächsen verschieden. Aber auch selbst qualitativ sind sie es, da manche Gewächse viel Stickstoff, andere gar keinen enthalten. Sodann nehmen die Pflanzen, wie ich an einem andern Orte als höchst wahrscheinlich darzulegen hoffe, ihren Nahrungsstoff nicht bloß in seine einfachen Urstoffe zerlegt, sondern noch zusammengesetzt auf, und Verbindungen, welche die Organe und die Lebensthätigkeit einer Pflanze nicht bezwingen können, werden von anderen gelöset. Selbst ein gröberer Auswurf, eine Art von Excrementen, ist neuerlich bei den Pflanzen sehr wahrscheinlich gemacht worden. Die allgemeine Erfahrung stimmt hiermit überein. Jeder Bauer weiß, daß ein Boden, eine Frucht, wie er sich ausdrückt, aus Neugierde (Nieschürigkeit im Plattdeutschen) einmal trage, die er fortgesetzt nicht tragen würde.

Man thut also am besten, wenn man sich nach dem Marktpreise erkundiget und die theuerste Frucht dem Acker in einer ununterbrochnen Reihe von Jahren anvertrauet. Die Fruchtfolge dürfte dann etwa so lauten: 1) Weitzen, 2) Weitzen, 3) Brache, 4) Weitzen, 5) Weitzen, 6) Brache, 7) Weitzen, 8) Weitzen, 9) Brache. Oder wir lassen auch noch die Brache weg, weil das Gras, welches in der Brache zum Besten der Weide wächst, auch denselben Nahrungsstoff aus der Erde ziehet, wie der Weitzen, so ist es doch vortheilhafter, Weitzen zu bauen. Die Physiker mögen urtheilen; meine Nachbarn urtheilen anders, wenn sie meine schönen Gerste- und Habererndten sehen. Die Ursache davon ist, sagen sie, weil seit vielen Jahren hier keine Gerste und kein Haber gewachsen ist. Die Koppel- und Wechselwirthschaft hob die alte Folgeordnung auf, und so steht jetzt zum erstenmale, nach Verlauf von 7 Jahren Gerste und Haber hier; da ist es kein Wunder, wenn er gut zuträgt.

Dieses Urtheil macht mir Vergnügen, denn es ist mir ganz einerley, ob Gerste und Haber deshalb besser gerathen, weil der ihnen beliebige Nahrungsstoff durch die vorhergehenden Erbsen- und Kleeerndten geschonet wird, oder ob andere Ursachen des Fruchtwechsels dieses bewirken. Es ist genug zu wissen, eine Frucht geräth um so besser, in je längern Zwischenperioden sie von dem Acker gefordert wird, und je zweckmäßiger eine Frucht an die andere angereihet wird. Man säe doch Klee auf

Klee

Klee, und immer Klee, Gerste auf Gerste, Weitzen auf Weitzen, und immer Weitzen, und ich glaube gewiß, daß man von jener physikalischen Hypothese zu den Erfahrungs-Grundsätzen der Oeconomie zurückkehren wird. Ich kann diese auch noch mit meiner eigenen Erfahrung bei dem doppelten Uebergange, einmal aus der Dreifelderwirthschaft zur Koppelwirthschaft, das anderemal aus dieser zur Wechselwirthschaft, durch meinen Gewinnst am Getreide belegen. Hier wirkte die Aufhebung der alten Folgeordnung und der Eintritt der neuen im Gegensatz mit dem Sommergetreide, und die Erndten fielen bei weitem nicht so ergiebig aus, wie jene und wie ich sie von nun an, da alles in dem Geleise der Wechselwirthschaft ist, mit Recht erwarten darf, wenn nicht besondere Unglücksfälle, die auch den Dreifelderwirth treffen können, dazwischen treten. Der berühmte Reichard wollte durch einen wohlgewählten Fruchtwechsel allein bewirken, daß der Acker nach einer einzigen Düngung achtzehn Jahre hindurch die schönsten Früchte tragen solle. Die einzige Düngung wollen wir ihm schenken; denn wir gewinnen bei unserm Fruchtwechsel nicht bloß die guten Folgen des Wechsels, sondern auch reiche Düngung. Die Heuwicken kommen in fetten Mistboden, der seine Kraft eigentlich erst in dem darauf folgenden Weitzen und Klee äußern kann. Der Klee wird zwei Jahre hindurch behütet und nicht nur die noch darin enthaltene Kraft des Bodens, sondern auch noch alles, was das Vieh in dieser Weidezeit an Düngung fallen läßt, kommt dem darauf folgenden Haber zu Gute. Nun wird abermals zu behackten Früchten gedüngt, die Gerste allein, welche darauf folget, erschöpft den Boden so wenig, daß er recht füglich noch Erbsen ohne Düngung tragen würde. Aber auch diese werden wieder gedüngt, und nach ihnen folgt Roggen, von dem man doch gewiß nicht sagen wird, daß er in kraftlosen Boden gesäet werde. Nein, das wird er nicht, das ist alles wahr, sagt der noch klüger als andere denkende Wirth, nachdem er den Gang dieser Wirthschaft durch Demonstration hat einsehen lernen; aber er fügt die Bemerkung hinzu: Dazu gehört Lust!! — Was man nicht alles sagt, um die Lücke zwischen Urtheil und That, zwischen Wissen und Ausübung doch einigermaßen auszufüllen! Möchte doch auch hier Licht in diese Finsterniß kommen!

VII. Abschnitt.

Ueber die zweckmäßigste Größe der Landgüter, und die beste Benutzung der Menschen und des Zugviehes zum Behuf der Wechselwirthschaft. *)

Wir haben aus dem vorigen ersehen, daß große Landgüter eben sowohl wie kleinere, durch Wechselwirthschaft verbessert werden können; allein über die zweckmätzigste Größe derselben haben wir uns nur im Allgemeinen erklärt. Es frägt sich nun, ob dieselbe vollkommner und besser auf kleinen Bauergütern, oder auf grössern Vorwerken, oder auf ganz übermäßig großen Landsitzen betrieben werden kann? Ist es für das Staatsinteresse besser,

*) Bei diesem Abschnitt sagt Herr Thaer S. 389. „Sehr gut „über die Vortheile größerer Wirthschaften in Hinsicht auf Pro„duction im Allgemeinen und auf den Staat. Meine Gedanken „darüber werden meine Leser aus dem letzten Theile meines „Werks über englische Landwirthschaft kennen.“

ser, wenn die Güter in kleine Parcellen vertheilt, oder wenn kleine Güter zusammengeschlagen werden? Mit der Beantwortung dieser Frage steht noch eine andere in genauer Verbindung, nehmlich die, ob die Hofdienste der Unterthanen, sowohl im Gespann, als mit der Hand, dem Flor der Landwirthschaft, und insonderheit der Wechselwirthschaft günstig seyen oder nicht? Eine unpartheiische Entscheidung dieser Probleme, wozu ich hier meine unmaßgebliche Meinung darlegen werde, könnte dann an die Hand geben, was der Staat thun mögte, um der Vortheile der Wechselwirthschaft auf eine ausgedehntere Weise theilhaftig zu werden.

Menschenkraft auf das zweckmäßigste angewendet, ist der größte Schatz, den der Staat besitzen kann. Ich habe bereits im vorigen gezeigt, wie vortheilhaft sie in der Wechselwirthschaft auch außer der Erndte benutzt werden kann. Diese wohlthätige Kraft wird aber noch in unsern Zeiten auf eine unverzeihliche Art gemißbraucht. Der Hofdienst, der Frohndienst oder wie man dieses Ueberbleibsel aus dem Mittelalter auch nennen mag, gehört offenbar unter die Zahl dieser Mißbräuche. Er ist zwar auf eine vollkommen und streng gerechte Weise entstanden, der Staat sowohl, wie der einzelne Gutsbesitzer kann ihn von den Unterthanen unter einem vollgültig rechtlichen Titel fordern, und hat nicht nöthig, ein Haarbreit von seinem, durch freiwillige Einwilligung entstandenen, Kontrakte abzugehen. Dies ist wohl als bekannt, und im allgemeinen als richtig voraus-

auszu-

auszusetzen. Auch wollen wir zugeben, daß die Aufhebung derselben und ein vollkommner Geldersatz von Seiten der Unterthanen schwerer aufzubringen ist, als wenn er den Dienst in natura leisten soll. Diese Behauptung ist wenigstens dann der Wahrheit gemäß, wenn aus der Aufhebung der Naturaldienste ein Mißverhältniß zwischen dem zu haltenden Zugvieh und der damit zu bearbeitenden eigenen Ackerfläche des Unterthanen entsteht, wenn er z. E. einmal 4 Pferde halten muß und doch nicht Arbeit genug für sie und den Knecht hat, sobald der Naturaldienst in Dienstgeld übergeht. Die Ursache dieses Mißverhältnisses liegt dann zwar zunächst in dem aufgehobenen Dienste, aber eigentlich in der jedem Bauer zugetheilten Ackerfläche. Würde dann dem einen gegen Entschädigung etwas genommen, so daß er mit 2 Pferden, oder mit einer Anzahl Ochsen sein Land bestreiten könnte, und dem andern so viel an Acker zugelegt, daß er nun volle Arbeit für sein erstes Zugvieh hätte, so wäre dies Mißverhältniß und folglich auch die Ursache, daß das Dienstgeld drückender als der Naturaldienst ist, gehoben. Diese Ausgleichung ist jedoch hier meine Angelegenheit nicht.

Gehen wir, um zu untersuchen, welcher Schade aus dem Dienstwesen für den Grundherrn und hauptsächlich für den noch mehrere Zwecke habenden Staat entsteht, auf die Zeiten zurück, in welchen die Dienstbarkeit durch gegenseitige Verträge entstand; so finden wir die damalige Landwirthschaft in dem Zustande ihrer ersten Kindheit. Das reifere Alter würde sie als eine absurde Idee verworfen haben.

Die Unterhaltung des nöthigen Zug-Viehes fällt jedem schwer, der nicht Futter genug bauet; die gehörige Anzahl von Arbeitern in der Erndte, ist das größte Bedürfniß für denjenigen Wirth, der der größten Anzahl seiner Leute nur in der Erndte Arbeit und Brod geben kann. Diese beiden Mängel finden in der Dreifelderwirthschaft statt, und darum ist das Dienstwesen eine natürliche Folge derselben, um sich die Beschwerlichkeiten derselben zu erleichtern. Diese Mängel fanden aber nicht nur ehemals, sondern noch jetzt in derselben statt, darum können auch Dreifelderwirthe nur unter Voraussetzung einer hohen Entschädigung auf dieselben Verzicht thun, und darum können auch Spanndienste noch eher als Handdienste durch Geld ersetzt werden. Es ist eine außerordentliche Erleichterung für den Wirth, wenn er in der nöthigen Zeit Frohnediener hat, die die Erndte beschicken müssen, und um die er sich nach derselben nicht mehr zu bekümmern braucht.

Aber welch ein Unterschied ist zwischen den Arbeitern, die von fernen Orten herkommen und dann einige Stunden zum Zwange dienen, gegen diejenigen, welche gegen baaren Geldlohn, oder die im Verding angestellt sind! Ich will der Umständlichkeit, die auch bei der besten Aufsicht und Anordnung bei dieser Arbeitsweise nicht zu vermeiden ist, gar nicht einmal gedenken, weil jeder Wirth, dem Dienste zu Gute kommen, davon hinläng-

hinlänglich unterrichtet ist. Ich will nur einige einzelne Fälle herausheben, um zu beweisen, wie sehr die Kraft der Menschen, die Zeit der Arbeit, und das theuer zu ernährende Zugvieh durch den Dienst gemißbraucht wird. Viele arbeiten und wenig wird ausgerichtet; vieler Aufwand, den doch am Ende der Staat trägt, und wenig Erfolg. In hiesiger Gegend ist der auf den Dienst kommende Unterthan verbunden, in einem Tage 24 Mandeln Getreide in der Erndte einzufahren. Er kommt zur gesetzten Zeit mit 3 oder 4 Pferden, mit 2 Menschen und einem Wagen zum Dienst. Will nun der Dienstberechtigte 216 Mandeln Getreide eingefahren haben, so muß er hiezu 9 Dienstbauern beordern. Diese bringen vor ihren 9 Wagen 27 bis 36 Pferde, und zum Auf- und Abladen 18 Menschen. Nun ist nebenbei von Seiten des Herrn ein Aufseher nöthig, damit die sich durchkreuzende Menschenmenge die bestimmte Arbeit verrichtet, und nicht durch grosse Vernachlässigung ihrer Arbeit mehr Schaden als Nutzen stiftet, oder einer dem andern so in den Weg kommt, daß Uneinigkeit und Zank das Ende vom Liede ist. Es ist übrigens eben kein Unglück für diese Leute, wenn sie alle in einer Scheune abladen und also häufig auf einander warten müssen; mehr als 24 Mandeln werden doch diesen Tag nicht eingefahren, und da dieses einmal bestimmt ist, so macht sich die Herrschaft auch nichts daraus, wenn sie auch nur vor dem Feierabend fertig sind. Endlich sind die 216 Mdl. glücklich eingefahren, und so ist der Dienst für diesmal vollendet.

Bedenkt

Bedenckt man nun, daß der Wirth, wenn er mit eignem Gespann diese Arbeit verrichtet hätte, nicht mehr als zwei Gespann Pferde bedurft hätte, und daß dabei dies ganze Geschäft ohne Aufseher mit weit mehr Accuratesse und Sorgfalt in demselben Tage beendiget worden wäre, so wird man leicht berechnen können, wie sehr die edle Zeit der dienstthuenden Menschen gemißbraucht und verschwendet worden ist. Es ist dazu ein einziger Auflader auf dem Felde und ein oder zwei Ablader auf dem Fuder in der Scheune, und bei jedem Gespann ein Pferdeknecht nöthig, wenn das Getreide mit Hofgespann eingefahren wird; diese 4 oder 5 Menschen hätten also eben so viel geleistet, als dort 18 dienstthuende Personen. Da bei den zwei Hofwagen noch ein Wechselwagen nöthig ist, so hätten die drei Wagen die Stelle von 9 Dienstwagen, und die 8 Hofpferde die Stelle der 27 bis 36 Dienstpferde vertreten.

Die Erndtezeit, wo der Landmann die meisten Geschäfte hat, ist die edelste im ganzen Jahre und darum wählte ich gerade diese, um den Zeitverlust und die Kraftverschwendung, welche der Dienst verursacht, zu charakterisiren. Ein gleiches findet bei Mistfuhren, Holz- und Marktfuhren statt und nur das Pflügen macht einen kleinen Unterschied. Bei diesem Geschäfte ist der Zeitverlust nicht so auffallend; aber auch oft die Arbeit desto schlechter, wenn man nicht seine Zuflucht zu einer Art von grausamen Strenge gegen den Dienstknecht nehmen und täglichen Aergernissen entgehen und nicht klagbar werden will. Unnöthig kleine und allzu flache Furchen sind gewöhnliche Erscheinungen, wenn der Dienstknecht dem Hofpfluge folgen muß, und gewöhnlich noch schlechtere Arbeit, wenn demselben ein gemessener Dienst gegeben wird. Im letztern Falle ist es gewöhnlich, daß ein Dienstbauer Einen Morgen täglich umpflügt; da aber eigene Pferde in den meisten Fällen doppelt so viel umpflügen können, indem sie nicht erst nöthig haben, von einem Dorfe zum andern, mit Pflug und Geschirr zu wandern, und ihr Futter zu Mittage im Stalle bereitet finden, so kann man die schlechte Arbeit, wodurch eigentlich der größte Schade für den Wirth entsteht, abgerechnet, annehmen, daß beim Pflügen das Verhältniß, wie 1 zu 2 ist, und daß folglich 12 Menschen mit 24 Hofpferden so viel verrichten, als 24 Dienstleute mit 48 Pferden.

Eben so ist es beim Handdienste. Das Minus der Arbeit, das Plus der Arbeiter, der Verlust der Zeit, auf die es oft in der Landwirthschaft mehr, als bei Handwerksarbeiten ankommt, weil oft die ganze Erndte davon abhängt, und überdies die obenhin und ohne alles eigene Interesse vollbrachte Arbeit, sind auch bey der besten Aufsicht und Behandlung der Dienstleute unausbleibliche Folgen. Wenn das Dienstmädchen auch ganz nach dem Reglement zur Arbeit sich einfindet, was doch wegen Entfernung der Wohnorte und bei einfallender übler Witterung oft nicht möglich ist, so hat dann der Tagelöhner oder der in Verding stehende

Arbeiter

Arbeiter schon mehr, als drei Stunden auf dem Acker gearbeitet. Scheint es abends oder früh, als ob Regen oder schlechte Witterung einfallen würde, so werden die Dienstleute entweder gar nicht bestellt, oder sie müssen wieder nach Hause gehen, wenn die Arbeit sich nicht mit dem Regen verträgt. Oft hat man sich in der Witterungskunde betrogen, es wird das schönste Wetter und doch kann nichts gethan werden. Ein andermal läßt man den Dienst anfangen, und da geht der Himmel gerade einen andern Weg, es fängt in der besten Arbeitszeit an zu regnen, und nun geht wieder der Tag zum Theil ungenutzt dahin. Man zeigt den Dienstleuten eine andere Arbeit im Trocknen; aber die Hauptarbeit bleibt, und verspätet sich auf die Tage, wo der Unterthan nicht mehr zum Dienst verpflichtet ist; dann sieht sich der Wirth in der größten Verlegenheit. Daher kann mit einer doppelten Anzahl von Dienstleuten die Arbeit nicht so gut und zweckmäßig verrichtet werden, als mit Leuten, die im Tagelohn oder noch besser, die im Verding stehen.

Setzt man den Verding auf einen Antheil an der gewonnenen Frucht, so bringt man auch ihr Interesse mit ins Spiel, und dann ist es zu verwundern, wie die Arbeit ohne Aufseher und Richter, unter ihren Händen wegeilt. Sie nehmen dann ihre Kinder mit auf den Acker, geben ihnen die Hacke in die Hand und lehren sie schon frühe das Geschäft, womit sie sich und ihre Familie einst erhalten sollen. Sie benutzen jede Stunde,

 die

die sonst bei Tagelöhner-Bestellungen unbenuzt vorüber gegangen wäre. Sie wählen die beste Zeit zur Arbeit, da ihnen eben so viel, als der Herrschaft daran gelegen ist, daß der Gewinn der Erndte sich vermehre. Die Hoffnung auf gutes Verdienst beflügelt ihre Kraft. Ich kann diese Erfahrung täglich auf meinen eignen Feldern machen. In Weseliz hat eine Familie von Vater, Mutter und zwei Kindern im Sommer 1801 14 Morgen Tabacksland beschicket; diese Familie hat 15 Morgen Kartoffelland in folgenden Jahren in Verding genommen, weil ich dem Tabacksbau, der in jenem Lehmboden nur eine erzwungene Frucht ist, die selten rechte Ausbeute giebt, ein Lebewohl gesagt habe. Auf dem Amte Chorin und namentlich auf dem Vorwerk Kalenberg, wo der Tabacksbau sehr gut gedeiht und der Grösse der Amtsvorwerke nach ins Große betrieben wird, pflanzet jede Familie 12 bis 15 Morgen Tabacksland, ohne daß die Erndtegeschäfte dadurch nur im geringsten vernachläßiget würden. Auf den andern Vorwerken hat jede Planteurfamilie nur 3 oder 4 Morgen, weil die Menschen der benachbarten Dörfer zu sehr zu dieser Arbeit sich drängen, und also aus diesem Grunde jeder einzelnen weniger Flächenraum angewiesen werden kann. Hingegen das Vorwerk Kalenberg ist von Dörfern entfernt; ich kann also dort nur den Hausleuten den Tabacksbau anvertrauen. Der Boden ist leicht und schickt sich recht eigentlich zum Tabacksbau. Das Sommergetreide geräth fast gar nicht, der Taback aber

sehr

sehr gut. Daher ist eine grosse Fläche dem Tabacksbau gewidmet. Das von Seiten der Herrschaft eingenommene Geld wird aber lediglich wieder zum Futterankauf aus dem Oderbruch verwendet, welches vermittelst des hart am Vorwerk vorbei fließenden Finowkanals leicht herbeigeschafft, und so der Acker in den besten Düngungsstand gesetzt werden kann. Durch diesen Betrieb sind jene Planteurfamilien ein Muster des Fleißes und in ihrer Art sehr wohlhabend, ihre Kinder erziehen sie zu brauchbaren Leuten, auf die man sich schon verlassen kann, sobald man sie in Dienst bekommt. Können nun aber diese 12 bis 15 Morgen mit Taback bepflanzen, warum sollten sie nicht eben so viel Flächeninhalt mit Kartoffeln und Rüben warten können? Es ist ja eine bekannte Sache, daß zur Erziehung der Tabackspflanzen vom ersten Frühjahr an, zum Einpflanzen, Behacken, Köpfen, Geitzen, Abblatten, Aufhängen, und wie die Arbeiten alle heißen, weit mehr Zeit und Geduld erfordert wird, als zur Erziehung der Kartoffeln und Rüben. Das Pflanzen, Behacken und Ausnehmen derselben hat mit den Erndtearbeiten gar keinen Zusammenhang und ist um die Hälfte leichter, als der Tabacksbau. Daher ist wohl einzusehen, daß ich nicht zuviel angenommen habe, wenn ich auf eine Familie 10 Morgen Land zu behackten Früchten gerechnet habe. Gesetzt auch, daß man ihren Verdienst so setzt, daß sie sich um etwas geringer stehen, als bei guten Tabacks-erndten und guten Tabackspreisen, so sind die Arbeiten

auch

auch um die Hälfte geringer, die Erndten gewisser und das verwilligte Quantum für den Scheffel, ihres Antheils immer sich gleich. Man kann ihnen auf den Antheil ihres Gewinnstes, wenn sie nach der Art dieser Leute Bedenklichkeiten im Anfange äussern sollten, immer für ihren Verdienst auf alle Fälle im voraus 50 Rthlr. versprechen, so werden sie keinen Anstand nehmen, sich diesem neuen Geschäfte gern auf Verding zu unterziehen. Wenn sie den 4ten Theil des Gewinnstes erhalten, und zwar den Scheffel zu baarem Gelde mit 5 Gr. veranschlagt, so werden an Rüben und Kartoffeln auf 10 Morgen ohngefehr 1200 Scheffel gewonnen werden, und wird also ihr Verdienst in 62 Rthlr 12 Gr. bestehen.

Da auf diese Art durch Wechselwirthschaft einer unzähligen Menge Menschen geholfen werden kann, da eine ausserordentliche Menge von Arbeiten verrichtet wird, welche ohne sie für den Staat verloren gewesen wären, da der verderbliche Hofdienst gänzlich entbehrt werden kann, und die Moralität der Menschen durch den eingeführten Fleiß und durch Betriebsamkeit sehr gewinnen muß, und ihr zeitlicher Unterhalt weit mehr gesichert, und also eine zahlreiche Klasse von armen bedürftigen Leuten aufgehoben wird, so ist wohl kein Zweifel, daß auch diese Wirthschaftsart von dieser Seite betrachtet, dem Menschenfreunde willkommen seyn muß. Es kann überdies durch Aufhebung der Dienste eine große Menge von unnöthig gehaltenen Zugvieh abgeschafft und der für sie erforderlich gewesene Futterbedarf an Körnern und Rauhfutter erspart werden. Durch die angebauten Futtergewächse muß der jetzige enorme Preis des Heues und Strohes fallen, und selbst das Getreide, die Milch, Butter, Käse und Mastvieh müssen reichlicher die Märkte füllen, und also der grossen Noth ein Ende machen, die den Bürger grosser und kleiner Städte jetzt so sehr einengt. Doch alles dieses fließt zu sehr aus der Natur der Sache, daß ich davon schweigen kann. Und wäre es denn etwa ein Unglück für den Staat, wenn der Tabacksbau durch den Anbau behackter Früchte in etwas eingeschränkt würde? Keinesweges, denn erstlich wird durch den übertriebenen Tabacksbau dem Acker immer etwas genommen, was ihm durch ihn, als Markt-Product nicht wieder gegeben wird; folglich schadet er auf alle Fälle dem Anbau des Getreides. Die Kultur, die mit dem Taback verbunden wird, ersetzt zwar den Schaden, allein diese Kultur kann dem Acker auch durch behackte Früchte gegeben werden, und da diese die Viehzucht ausserordentlich begünstigen, so muß der Vortheil immer auf Seiten der behackten Früchte seyn. Auf der andern Seite ist der reine Gewinn am Geldertrag bei beiden im Allgemeinen betrachtet sich gleich. Der gemeine Landwirth streicht zwar lieber die reine Summe für den verkauften Taback ein, als daß er sie erst durch einen Umweg, nehmlich durch Mastung und Viehzucht zu gewinnen suchen sollte. Allein der einsichtsvollere Wirth unterscheidet sich eben dadurch

von

von dem gemeinen Landbauer, daß er weiter sieht, als dieser. Rechnet man auf einen Morgen Tabacksland, was doch nur eigentlich in guten Jahren die Erndte ist, 5 Centner trockne Blätter, und den Cntr. zu 5 Rthlr., so ist die Ausbeute pro Morgen 25 Rthlr. Davon bekommt der Planteur die Hälfte, bleiben also 12½ Rthlr. Dieser Summe halten behackte Früchte ganz das Gleichgewicht, wenn man von Rüben und Kartoffeln im Durchschnitt 120 Scheffel pro Morgen gewinnt, und den Scheffel durch die Mast zu 5 Gr. nutzet, so ist der Ertrag 25 Rthlr. Zieht man davon den 4ten Theil für die Bearbeitungskosten ab, so bleiben 18 Rthlr. 18 Gr., folglich 6 Rthlr. 6 Gr mehr Gewinn, als beim Taback. Die Kosten des Verkaufs, des Transports, des Abzugs beim Taback sind grösser, als die Kosten, die die Mastung verursacht, und folglich könnte man den verminderten Tabacksbau für kein Unglück ansehen, das die Wechselwirthschaft dem Staate verursacht.

Ob sich aber der Tabacksbau dadurch vermindern werde, das ist eine andere Frage. Von solchen Orten, wo er überhaupt nur eine erzwungene Frucht ist, und nur in den wenigsten Jahren gut geräth, mag er immer verbannt seyn, denn da schafft er gar nichts gutes. Ich habe im Jahre 1801 in Weselitz bei sehr geschickten Planteurs auf 20 Morgen 50 Cntr. gewonnen, habe in Schwedt den Cntr. zu 5 Rthlr. verkauft, der ganze Gewinn war, nach Abziehung des beim Verkauf gewöhnlichen Abzugs 240 Rthlr. und nach Abrechnung von

6 Rthlr.

6 Rthlr. Transportkosten, blieben 234 Rthlr. Folglich kamen auf meinen Antheil 117 Rthlr. Nehme ich dazu den Mist, den ich in die Tabackskutschen im Frühling geben mußte, und das Stroh, welches bei den Marktfuhren zu Emballage verbraucht wird, so hätte ich einen Morgen Land mehr und folglich 21 Morgen ausdüngen und darauf behackte Früchte bauen können. Nach Abzug der Saat wären darauf gewiß 2000 Scheffel behackte Früchte gewonnen worden, die in der Mast wenigstens zu 400 Rthlr. benutzt worden wären, und noch überdies eine Menge Mist zurückgegeben hätten. Also von solchen Boden kann der Tabacksbau immer wegbleiben; aber auf Sandboden, wohin der Anbau desselben eigentlich gehört, wird er, wo nicht noch weiter sich verbreiten, doch gewiß nicht eingeschränkt werden, so lange die Preise des Centners nicht unter 5 Rthlr. sinken. Für den Bauer ist er ein erwünschtes Product, weil er ihm baares Geld in die Hände giebt. Der Bauer befleißiget sich in der Regel in dem Verhältnisse dieser Pflanzung, als er Mist in seiner Brache auflegen kann. Da er diesen nur spärlich hatte, so mußte er den Anbau auch sehr einschränken. Wenn er Heu gegen billige Preise kaufen kann, so besucht er das Oderbruch und setzt sich dadurch in einen stärkern Mistvorrath. Die hohen Preise des Heues vereitelten aber diese Speculation, weil der Taback diese Kosten nie wieder eingebracht haben würde. Je mehr Futterfrüchte also von Wechselwirthen gewonnen werden, eine desto grössere Quan-

Quantität Heu wird dem Bauer zu kaufen übrig bleiben, und darnach wird er seinen Tabacksgewinn zu erhöhen wissen. Auch bleibt es ja dem Wechselwirthe, der natürlichen Heugewinnst hat, unbenommen, statt eines Theils behackter Früchte, die vom Heu ersetzt werden, Taback zu bauen; er wird desto reichere Erndten machen, je grösser der Zwischenraum zwischen den Tabackspflanzungen auf demselben Lande ist, und je fetter dasselbe im Dünger steht. In unserer beschriebenen Wirthschaft fand er keine Stelle, weil kein wilder Heugewinnst vorausgesetzt wurde.

Aber nicht allein die Art und Weise, wie der Arbeiter angestellt wird, hat Einfluß auf die mehrere und mindere Kraftanwendung, auf die bessere Benutzung der Zeit, und auf die bessere Verrichtung der Arbeit, sondern auch die Größe der Landgüter hat darauf Einfluß. Es frägt sich also, ob der Staat in dieser Hinsicht durch kleine oder durch große Landgüter gewinnt? Die Entscheidung derselben ist hier besonders wichtig, da die Wechselwirthschaft den Werth der Menschenkraft so sehr zu schätzen weiß, weil der stärkere Betrieb derselben von ihr hauptsächlich mit abhängt.

Man denke sich ein Landgut von 1500 Morgen, und sehe, wie es bewirthschaftet wird, so wird man leicht gewahr werden, daß auch zum vollkommensten Betrieb desselben die dazu erforderliche Menschenzahl weit vortheilhafter angestellt werden kann, als wenn dasselbe in 50 kleine Bauer- und Kossäthengüter zerstückelt wird.

Dort

Dort ist ein Herr, der das Ganze regiert, und vermittelst eines Wirthschaftsaufsehers und des Meiers die Ausführung aller wirthschaftlichen Arbeiten leitet. Da aber, wo 50 kleine Bauerbesitzungen sind, da sind 50 Herrn, welche die Aufsicht über ihre zerstreut liegenden Aecker, über die kleinen Gruppen ihrer Arbeiter, und über die kleinen Heerden ihres Zug- und Nutzviehes führen müssen. Der wenige Zusammenhang ihrer Geschäfte, die vielen Arbeiten, deren Zahl in der kleinern Oeconomie fast eben so groß, als in einer großen ist, das Kleinliche und wenig Bedeutende aller dieser Unternehmungen, und die wenigen Menschen, welche allen diesen vorstehen sollen, machen, daß jeder dieser Herrn schon durch die Aufsicht auf alles viel zu thun hat, und also nicht selbst als eigentlicher Arbeiter sich anstellen darf, wenn er an einem andern Orte nicht eben so viel, oder noch mehr durch den Mangel an Aufsicht verlieren will, als er durch eigene Arbeit gewinnt. Eben so ist es in häuslichen Arbeiten, weil die Beköstigung und Unterhaltung der arbeitsamen Menschen in der großen Wirthschaft von der Hausfrau, der Ausgeberinn und einer Hausmagd vollbracht werden, da hingegen in den 50 kleinen Bauergütern auch 50 Hausfrauen kochen und die innere Oeconomie verwalten müssen. Was dort 6 Menschen ausführen und weit vollkommener ausführen können, da sie Buch und Rechnung führen, und diese Geschäfte nicht nur besser erlernt haben, sondern sich ihnen auch allein widmen können, das müssen in den

Bauer

Bauerwirthschaften 100 Menschen über sich nehmen. Da diese Menschen selten die nöthigen Vorkenntnisse haben, einem Hauswesen als Herr und Frau vorzustehen, da sie noch manches Geschäft in eigner Person besorgen, was eigentlich ihren Leuten zukommt, da sie sich überdies durch Ausweichung der Arbeit auch wohl gern gute Tage machen, was ihnen als Herr niemand verwehren kann, so verliert der Staat durch eine solche Wirthschaftsform eine große Zahl von Menschen, die sich oft besser zum Dienen, als zum Befehlen qualificirt hätten; er verliert 100 Menschen, die wenig mehr, als jene 6 Menschen verrichten können, und folglich nach Abzug dieser 94 Personen. Wir nehmen viel an, wenn wir diese, der kleinen Nebengeschäfte wegen, die sie mehr verrichten, als jene in der großen Wirthschaft, als halbe Arbeiter berechnen, und nur die Hälfte derselben als reinen Verlust für den Staat betrachten, die bei dem vollkommenen Betriebe einer Wechselwirthschaft mit dem größten Vortheil in Arbeit angestellt, und zum Besten des Staats gebraucht werden könnten. Macht diese Zahl aber schon in einer einzigen Wirthschaft 47 Personen, wie groß muß die Anzahl der verlornen Arbeiter in einem ganzen Staate seyn.

Eben eine solche Bewandniß hat es mit dem Zugvieh. Es giebt fast keine Wirthschaft, wo in praxi das Verhältniß des Zugviehes ganz genau mit den zu verrichtenden Arbeiten übereinstimmt. Zu wenig ist eben so fehlerhaft, als zu viel Zugvieh zu halten. Sehr oft würde

würde ein Pferd erspart werden können, wenn der Pflug und der Wagen durch ein einziges gezogen werden könnten. Dieser Ursache wegen muß man aber noch eins dazu halten. Dieses Mißverhältniß findet aber in kleinen Wirthschaften eben so gut, und ich möchte behaupten, noch häufiger statt, als in großen Wirthschaften, weil das Fabrikenmäßige der letztern das Mißverhältniß leichter heben kann, als in kleinen Wirthschaften möglich ist. Man bedenke nun, daß in der großen Wirthschaft nur ein einziges solches Mißverhältniß statt findet, während auf den Bauerwirthschaften 50 dergleichen obwalteten.

Das, was hier vom Zugvieh gesagt worden ist, gilt aber von allem, was in der Wirthschaft vorkommt, es gilt vom angestellten Gesinde, von Tagelöhnern, von Wagen, Pflug und Egge, vom Stroh- und Heugewinnst, von Gebäuden, von Essen und Trinken, mit einem Worte, von allen Wirthschaftsartikeln, und wächst in dem Verhältniß, als diese Leute durch Mangel an Einsicht, Freiheit oder Vermögen beschränkt werden, diesen Inconvenienzien auszuweichen oder vorzubeugen. In solchen Bauerwirthschaften ist alles Stückwerk und Flickwerk, was nicht den geringsten Anspruch auf Vollkommenheit macht, weil allenthalben etwas fehlt oder etwas übrig ist, das doch zu sonst nichts gebraucht werden kann.

Man nehme nun noch dazu, was für Einschränkungen mit der Gemeinschaftlichkeit ihrer Wirthschaft verbunden sind. Ihre Aecker liegen unter einander, nach der Länge oder Queere, und daher kann keiner von diesen schmalen Strichen eine zweckmäßige Beackerung erhalten. Die Zertheilung in drei Felder findet gewöhnlich bei ihnen statt, und sie wird bleiben, wenn sie auch allgemein als die schlechteste Wirthschaftsverfassung anerkannt ist. Verbesserungen in der Wirthschaft sind fast ganz unmöglich; wer soll sich zum Lehrer dieser Menschen aufwerfen, die sich aus der alten Spähre fast gar nicht herausarbeiten können, und Kenntniß von einer bessern Wirthschaft anzuwenden, nur selten fähig sind. Wo viele wollen und befehlen können, da kommt es selten zur Ausführung einer Sache, die nicht mathematisch demonstriret werden kann, gesetzt daß auch einige dazu bereit und willig wären. Die Gemeinschaft, in der sie wirthschaften müssen, und die eingeschränkte Disposition, womit jeder einzelne den Gang einer neuen Wirthschaft anordnen könnte, lassen es immer beim Alten, wenn es auf die totale Umänderung der Wirthschaftsweise ankommt. Wie dürfte sich wohl einer, um ein Beispiel zu geben, entschließen, statt seiner Schaafe Kühe zu halten, da er nur eine bestimmte Anzahl von Kühen unter die Gemeindeheerde schicken darf? Oder wie kann er auf die Anschaffung einer größern Schaafheerde Anschläge machen, da die Zahl der zur Heerde berechtigten Schaafe im Gemeindebuche niedergeschrieben ist? Es muß einmal bei dem alten Leisten bleiben, bevor alle 50 Bauern sich einstimmig zu einer Umwälzung ihres Wirthschaftssystems freiwillig entschließen. Wer aber auf eine solche

Vereini-

Vereinigung hofft, der muß den Bauer noch nicht kennen gelernt haben.

Dazu kommt nun noch, daß durch diese vielen Familien, wovon so viele der landwirthschaftlichen Arbeiten wegen, ganz unnütz auf dem Lande sind, weil durch eine kleinere Anzahl von Menschen auf einem großen Gute eine gleiche Summe von Arbeiten alljährlich vollbracht wird — daß also durch diese Bevölkerung auf dem Lande die Bevölkerung zum Betrieb anderer Arbeiten, folglich die Bevölkerung in der Stadt sehr verringert wird. Was an Getreide und andern Producten auf dem Lande verzehrt wird, ist für die Städte verloren, folglich muß entweder diese Menschenmenge leiden, weil die Getreidepreise überspannt sind, oder sie muß sich vermindern. Unsere 50 Familien, wovon jede nur 30 Morgen Land hat, und folglich in jedem Felde 10 Morgen, bauen kaum so viel Getreide, daß sie davon, mit Zuziehung des Kartoffelbaues, leben und ihr Zugvieh versorgen können. Dagegen würde eine Wirthschaft von 1500 Morgen wohl mehr als 3000 Scheffel Getreide zu Markte bringen können. Wenn diese noch überdies eine Menge Butter, Käse, Wolle, Mastvieh und andere Producte in die Stadt bringen kann, so haben jene mit dem zum Hauswesen nöthigen Productenbedarf zu thun, und können nur wenig andern zum Besten geben.

Würde dagegen jenes Gut von 1500 Morgen noch überdies in einer vollkommenen Wechselwirthschaft bewirthschaftet, und nicht bloß ein Schlag, sondern zwei dersel-

derselben mit behackten Früchten, wohin auch Pferdebohnen und Erbsen gehören, bestellt, und noch überdies, wie es beim Ueberfluß an Menschen recht gut möglich ist, die Stallfütterung eingeführt, so würde nicht nur eine eben so große Anzahl von Menschen, als jetzt in den Dörfern sind, erhalten und reichlich ernährt werden können, sondern die veredelte Wirthschaft würde auch eine so große Menge von Producten in die Städte zu liefern im Stande seyn, daß die Bevölkerung dadurch unendlich gewinnen müßte. Und wäre es etwa ein Unglück, wenn der Landmann auf solche Art Tagelöhner- und Planteurdienste verrichten müßte, da er vorher sein eigner Herr seyn konnte? Allerdings in dem Falle, wenn man ihn mit Gewalt aus seinem erblichen Eigenthum vertreiben wollte. Aber aus diesem Grunde habe ich diese Reflexionen nicht niedergeschrieben, sondern bloß, um die Frage zu beantworten, ob es besser ist, Aemter und Vorwerke zu zerschlagen, um kleine Bauernsitze daraus zu formen? Die Antwort kann ich nun jedem selbst überlassen; so wie die Beantwortung folgender Frage: ob es nicht gut seyn würde, wenn der Landmann die Erlaubniß hätte, mehr als ein Bauergut an sich zu kaufen oder in Pacht zu übernehmen? Gewiß dadurch würde die intensive Bevölkerung des Landes sehr gewinnen, d. h. wir würden mehrere und bessere Arbeiter zu landwirthschaftlichen Arbeitern erhalten, als wir jetzt haben und, was eine Hauptsache ist, unser Staat würde frei vom Frohndienst seyn.

VIII. Abschnitt.

Uebergang von der Dreifelderwirthschaft zu der Wechselwirthschaft.

Die Vorrathskammer der Natur im innersten Gemache aufzuschließen, die Bevölkerung des Staats durch Vermehrung der Producte zu heben, der arbeitenden Klasse der Landleute mehr Verdienst zu verschaffen, und auf diese Art den Landgütern einen höhern Werth zu geben, ist die Absicht, welche man durch Wechselwirthschaft zu erreichen sucht. Allein ehe man diese Urquelle des Reichthums, den Landbau, durch Wechselwirthschaft ergiebiger machen kann, kommt es auf gewisse Voraussetzungen an, die gleichsam die Bedingung sind, ohne welche Wechselwirthschaft weder eingeführt, noch auf einen ausgebreiteten Spielraum berechnet werden kann. Erstlich ist zu wünschen, daß die ersten Unternehmer, die durch Plan und Ausführung andern ein Beispiel geben wollen, Männer seyn mögen, die mit Klugheit und Vorsicht zu Werke gehen. *) Der geschickteste Arzt, wenn seine ersten Kuren

*) Ein Wunsch, sagt Herr Thaer S. 390, worin ich ihm von ganzem Herzen beistimme. Das in den Tabellen angegebene Schema

ren mißrathen, verliert seinen Kredit, und hat in der nächsten Folge sich wenig Zutrauen zu versprechen. Der große Hause hat solche mißlungene Versuche lange vor Augen und im Herzen. Also mögen nur Männer von bewährten Kenntnissen, von betriebsamer Thätigkeit und ausgerüstet mit Kraft, sich zuerst der guten Sache unterziehen.

Ein zweiter Wunsch muß ferner der seyn, daß der Staat zur Einführung dieser Wirthschaft wohlthätig mitwirken möge, die Hindernisse aus dem Wege räume, die der Einzelne nicht besiegen kann, und zur Eintheilung und Bewirthschaftung des Ackers in dieser Hinsicht die nöthigen Freiheiten und Vollmachten ertheilen möge. In unserm Staate hat der Landwirth gewiß darauf Rechnung zu machen; denn noch nie blieben unsere Regenten und die Männer ihnen zur Seite, gleichgültig und unthätig, wenn es um die Verbesserung der Landwirthschaft zu thun war.

Freiheit, den Acker auf die beste Art zu benutzen, Abwesenheit von allen Gemeinheiten, sowohl in Hinsicht der Ackerlage, als der Berechtigung zu gewissem Gebrauche und Unterstützung, wenn es auf Hinwegräumung von Schwierigkeiten ankommt, die der Einführung oder dem

Schema des Ueberganges ist vorsichtig und zweckmäßig, und kann bei einer Wirthschaft, die gerade so ist, wie die des Hrn. Verfassers, vielleicht nicht anders seyn: eine Dreifelderwirthschaft ohne alle Wiesen und Abtrift und ohne alle sonstige Nebenhülfe.

dem Betriebe derselben hinderlich sind, und endlich Befreiung von allen Lasten und Auflagen, die den Fleiß lähmen und der Industrie im Wege sind, wohin besonders Hofdienste, unbestimmter Naturalzehend, Monopolien u. dgl. gehören, sind gewissermaßen die Genien der Wechselwirthschaft, so wie überhaupt jeder Wirthschaftsweise, die auf Vollkommenheit Anspruch macht.

Nächstdem wäre es wohl zu wünschen, daß bei Pachtungen und Verpachtungen zum Behuf der Wechselwirthschaft einige Gratificationen bewilligt werden möchten. Derjenige Wirth, welcher diese Wirthschaft einführt, muß auf alle Fälle mit einem grössern Vorschuß an Geld diese Wirthschaftsweise anfangen. Er muß, wenn auch die Sache ganz nach Wunsch geht, mit manchem Hindernisse kämpfen, und wohl gar am Getreide in den ersten Jahren Ausfälle erleiden. Das im Inventario übergebene Vieh ist selten von der Art, daß die Wechselwirthschaft davon Gebrauch machen kann, darum muß der Wechselwirth sich eigenes besseres Vieh anschaffen. Wäre aber auch das Inventarien-Vieh brauchbar, so muß eine stärkere Anzahl desselben angekauft werden. Die Tagelöhner, die im Verding arbeiten, müssen Geldsummen in Vorschuß erhalten, oder ihren Lohn doch wenigstens ausgezahlt bekommen, ehe der Wirth aus der Viehzucht wieder in den Besitz desselben kommt.

Nichts scheint also wohl billiger, als daß der Wirth hier auf Erleichterung Anspruch machen kann, und von Seiten der verpachtenden Behörde in seinen Unternehmungen unterstützt wird. Armen Wirthen, die sich erst der Landwirthschaft widmen wollen, würde mit Erlassung der Kaution oder auch mit Darreichung von baarem Gelde gedient seyn.

Die Pachtsumme selbst braucht nicht herabgesetzt zu werden, weil die Vorschüsse hauptsächlich nur im Anfange den Wirth treffen. Wenn das Inventarium von dem Verpächter so, wie der Wirth dasselbe wünschet, angekauft wird, so ist dem unbegüterten Pächter gewissermaßen in etwas geholfen; besser dürfte es aber wohl seyn, wenn ihm Menschenfreunde das baare Geld in die Hände gäben, und das Inventarien-Vieh selbst ankaufen ließen.

Begüterte Wirthe werden auf alles dieses keine Ansprüche machen. Soll aber ihre angewendete Mühe nicht ganz unbelohnt bleiben, sollen sie für ihre Vorschüsse, ersten Ausfälle und Verwendungen, Ersatz erhalten, und von ihren Einrichtungen auch angemessenen Vortheil ziehen, so dürfte es der Aufmunterung wegen nöthig seyn, daß ihnen ein solches Gut unter einem längern Termin, als jetzt gewöhnlich ist, verpachtet werde. Es dürfte wohl nicht unzweckmäßig seyn, wenn die erste Verpachtung eine Zeit von 27 Jahren, und die folgenden von 18 bis 27 Jahren zum Ziele hätten. Dann könnte der Wirth bei demselben Pachtgeld, ohne andere Gratificationen zu genießen, bestehen, und nach Verlauf dieser Zeit ein ansehnlich höheres Pachtgeld bei einer neuen

Pacht-

Pachtprolongation entrichten. Nie wird ein Pächter Mühe und Geld an Wirthschaftsverbesserungen wenden, wenn er das Gut nur auf 6 oder 9 Jahre in Pacht hat. Er wird das Gut nach dem vorhandenen Zuschnitt bewirthschaften, aber an Verbesserungen ist weniger, als an Verschlechterungen zu denken. Wo sich aber die Pachtung den Rechten des Eigenthums nur in etwas nähert, da kann der Wirth mit Thätigkeit und Kraft zu Werke schreiten, weil er hoffen kann, das zu erndten, was er auf Hoffnung gesäet und angefangen hat. Pachtprolongation nach kurzen Pachtterminen können den Willen zu Verbesserungen nicht rege machen; denn was helfen diese dem Wirth, wenn er gleich nach einigen Jahren, vermöge der Revision und Pachterhöhung nach dem Grade der Verbesserung, seine angewendeten Kosten noch überdies verzinsen muß? Diese Aussicht wird ihm wenig Antrieb geben.

Diese verlängerten Pachttermine, die in jeder vollkommenen Wirthschaft anzupreisen sind, würden noch das besondere Gute haben, daß die Viehzucht in unserm Staate zu einer weit höhern Stufe von Veredelung sich erheben würde, wodurch dem Staate eine Menge Geld erspart werden würde, welche jetzt für Vieh und besonders für veredeltes Vieh aus dem Lande geht. Es kann die Veredelung der Viehzucht nicht ohne große Kosten bewerkstelliget werden, und nur die Hoffnung, diese Viehrace auf eine lange Reihe von Jahren zu benutzen, kann den Entschluß, die Kosten des Ankaufs

kaufs und der Erziehung nicht zu sparen, in Ausführung bringen.

Wenn es also bei dieser verlängerten Pachtzeit darum zu thun ist, die Wirthschaften des Staats mit aller Anstrengung zu verbessern, so macht sich jeder Pächter, der im Laufe seiner, ihm aus diesem Grunde verlängerten Pachtzeit, Vernachlässigung des Endzwecks zu Schulden kommen läßt, des weitern Rechtes an der Pacht sogleich verlustig. Ein solcher schlechter Mann muß nach Vollendung seiner Pacht in Untersuchung genommen werden, und die verdiente Strafe durch gänzliche Verzichtleistung auf die Prolongation der Pachtung und durch Erlegung einer angemessenen Geldsumme büßen. Auch kann ja in dem Pachtcontracte selbst auf gewisse begangene Fehler, welche die Wirthschaftsverbesserung zum Gegenstande haben, die Strafe gesetzt seyn, daß die Pacht sogleich aufgehoben ist, wenn der Wirth mit seinem Wissen und Willen sich dieselben zu Schulden kommen läßt.

Auf diese Art werden die wohlthätigen Folgen, welche mit dem Rechte des Eigenthums für die Wirthschaftsverbesserung verbunden sind, am besten mit den Vorzügen der Pachtverhältnisse in Harmonie gesetzt. Auch ist dies der einzige Weg, auf welchem die Domainengüter in die Form der Wechselwirthschaft gebracht werden können, ohne daß dazu Vorschüsse und Prämien erforderlich sind. Einsichtsvolle Oeconomen finden in ihrer so eingerichteten Wirthschaft Belohnung und Ersatz genug, wenn sie die Vortheile derselben in einem zwei-

oder

oder dreijährigen Umlaufe genießen können. Bei Ansetzung des neuen Pachttermins wird die Pachtsumme um vieles erhöht werden können, ohne daß der Pächter Anstand nehmen wird, sich den neuen Bedingungen zu unterziehen. Die Menge der vermehrten Producte, die erweiterte Bevölkerung, und die neue Gestalt der Domainen wird dem Staate mehr innere Energie, und den Unterthanen wohlfeileres Getreide geben.

Betrachten wir nun aber auch das, was der Wirth an seiner Seite beim Uebergang von der Dreifelderwirthschaft zur Wechselwirthschaft zu thun hat, so würden sich bei der unendlich verschiedenen Localität eine ganze Menge von Betrachtungen darbieten, wenn wir auf alle mögliche Fälle Rücksicht nehmen wollten. Da es aber in dieser Schrift nicht mein Endzweck ist, eine Theorie der Wechselwirthschaft und ihrer Einführung vorzutragen, sondern bloß die Möglichkeit derselben in der Mark Brandenburg und den benachbarten Provinzen zu zeigen, so werde ich mich auch jetzt, mich kurz zu fassen, befleißigen, und nur die Hauptpuncte beim Uebergange zu dieser Wirthschaftsweise darzustellen mich bemühen, und zwar in so weit sie auf die bisher beschriebene Wirthschaft und Fruchtfolge Beziehung haben. Auf eigentlichen Sandboden paßt der beschriebene Wechsel eben so wenig, als die Getreidearten, so wie sie aufgeführt sind. Der Sandboden begünstiget Wechselwirthschaft, wo nicht noch besser, doch eben so gut als Lehmboden, er erfordert aber seine eigenthümliche Behandlung, von der ich in der Folge etwas beibringen werde.

Ein.

Eintheilung des Feldes in 9 Schläge, vorerst auf dem Papiere, würde wohl das erste Geschäfte seyn. Die Schläge müssen eine solche Lage haben, daß jeder einzelne für sich der Bewirthschaftung fähig ist, und daß man mit Vieh und Wagen, ohne Hinderung zu demselben kommen kann. Daß die Schläge nicht eine so bestimmte Form und Grösse erhalten können und werden, wie man sie als Schriftsteller zusammen denken und beschreiben kann, ist sehr natürlich, thut aber eigentlich zur Sache nichts.

Die Hauptidee, mit welcher der Wirth nun die alte Wirthschaft verläßt, muß immer durch jene philosophische Regel bestimmt werden, daß übereilte Sprünge mehr schaden, als nutzen. Daher bahne er seinen Uebergang mit solchen Vorbereitungen, die er in der Folge heilsam zu finden gedenkt. Dahin gehört, daß er die Kraft jedes Schlages besonders ausmittelt, um zu erforschen, ob er die Früchte tragen kann, die die Reihe des Fruchtwechsels mit sich bringt. Gesetzt daß die Kraft des Bodens dazu zu schwach ist, so bleibt er die ersten Jahre noch ganz bei der Folgeordnung, die die Dreifelderwirthschaft in diesem Schlage mit sich brachte. Wollte ich z. E. künftiges Jahr 1806 auf dem Gute N. N. auf welchem unser beschriebener Lehmboden sich vorfindet, die Wechselwirthschaft einführen; so würde ich jetzt, ich schreibe dieses im Februar 1805, wo noch Dreifelderwirthschaft statt hat, auf dem Papiere mein gegebenes Feld in 9 Schläge so vertheilen, wie es künftigen Herbst

auf

auf dem Acker geschehen soll. Nun würde ich jeden einzelnen Schlag vornehmen, und mittelst der geführten Wirthschaftsrechnungen ausmitteln, wie derselbe seit 9 Jahren bewirthschaftet worden ist. Darnach würde ich urtheilen und wissen können, was jeder Schlag, oder jeder Theil eines Schlags noch für Kraft hat, und was derselbe künftiges Jahr zu tragen fähig ist. Wir nehmen unserer Voraussetzung nach an, daß das Landgut aus 900 Morgen besteht, und daß jährlich davon der dritte Theil der Brache, folglich 100 Morgen gedüngt werden könnten. Diese 100 Morgen wurden in der Brache sogleich mit Erbsen, Taback, Hütungsklee, und Kartoffeln benutzt, und im folgenden Jahre mit Weitzen und hernach mit Gerste besäet. Das nicht gedüngte Brachland aber blieb zur Weide und wurde in den folgenden Jahren mit Roggen und Haber bestellt. Wir wollen annehmen, es fände sich, nach Eintheilung jedes Feldes in 3 Schläge, folglich der ganzen Flur in 9 Schläge, daß das Feld während der Dreifelderwirthschaft, in der Ordnung, wie Tabelle A. zeigt, getragen habe und gedüngt worden sey.

So würde ich nun wissen können, ob jeder Schlag die Früchte bei einem mittelmäßig guten Jahre tragen kann, die ich darauf zu bringen nach der Fruchtreihe der Wechselwirthschaft veranlaßt werde. Ich würde auch in diesem Jahre noch einen der kraftvollesten Winterschläge, mithin den Weitzenschlag im April mit Klee und Grassaamen besäen, um im künftigen ersten Jahre der Wechsel-

wirth-

wirthschaft sogleich einen guten Weideschlag zu erhalten. Ferner kann ich den gedüngten Brachschlag in der Art mit Brachfrüchten bestellen, daß ich künftiges Jahr mir eine grössere Menge von Mist vorbereite, welches immer der Hauptgedanke des Wechselwirths seyn muß. Daher besäe ich die Hälfte desselben zwar, wie vorhin, mit Erbsen, aber die andere Hälfte bepflanze ich nicht mit Taback sondern ganz mit behackten Wurzelgewächsen, um dadurch Mist zu gewinnen und zugleich, um einen Theil des Strohes durch die Fütterung der behackten Früchte zu ersparen. Ist es möglich, das schlechte Vieh mit besserem zu verwechseln, die Ställe zur Ersparniß des Streustrohs, was wenigstens im Anfange zweckmäßig und in allen Wirthschaftsarten gut ist, planmäßig pflastern und mit Abzugsrinnen versehen zu lassen, oder Streusurrogate anzuschaffen, um dadurch auf einen stärkern Viehstand vorzubereiten, so sind diese Anstalten gewiß der guten Sache förderlich.

Im ersten Jahre der Wechselwirthschaft, werden alle Schläge noch nach der alten Ordnung besäet, und nur folgende machen eine Ausnahme.

Schlag 2. wird im Herbste nicht mit Roggen besäet, sondern bleibt bis ins Frühjahr und wird dann mit Wicken, zu Heu bestimmt, besäet.

Schlag 1. wird im Frühling auf den Weitzen mit Klee und Grassaamen besäet.

Schlag 6. wird, wo nicht ganz, doch $\frac{2}{3}$ oder $\frac{3}{4}$ mit behackten Früchten bestellt.

Schlag 9.

Schlag 9. kann nicht mit Gerste besäet werden, sondern dient zur Kleeweide.

Der Viehstand bleibt sich gleich, jedoch werden die schlechten Kühe immer mehr abgeschaft und gute Race an ihre Stelle gebracht. Im Herbste aber werden noch überdies 50 Mastochsen aufgestellt, welche mit behackten Früchten vorzüglich gemästet werden. Die andern Wurzelgewächse bekommt das übrige Vieh. Der Mist, welcher im Sommer dieses Jahrs bis gegen Weihnachten gemacht wird, wird angewendet, um den Roggen-Kleeschlag des künftigen Jahrs damit zu überdüngen. Den folgenden Mist bekommt der Schlag 7 welcher mit behackten Früchten 1807 bestellt werden soll.

Dieses Ueberdüngen des Roggenschlags, in welchen der Klee gesäet wird, ist eine Sache des Nothfalls. Die eigentliche Düngung bekommt der Schlag mit behackten Früchten; dazu ist der Mist, weil der Viehstand durch Mastochsen vermehrt ist, hinreichend, wenn man auch den vor Weihnachten gemachten Dünger zu einem andern Endzwecke verwendet. Dieser Endzweck ist die Düngung des Schlags, in welchen Roggen mit Klee gesäet werden soll. Da aber hiezu der Mist bis Weihnachten gesammelt werden muß, so muß die Saat bloß succeßive überdüngt werden; wenigstens wird nur ein kleiner Theil derselben mit Mist untergebracht werden können. Wie stark diese Düngung im ersten Jahre geschehen kann, muß die Erfahrung lehren. Die halbe Düngung kann er aber auf alle Fälle erhalten, denn wenn der folgende

Mist

Mist nach Weihnachten auch nicht ganz den Schlag mit behackten Früchten ausfüllen sollte, so pflanzt man deren nur auf so viel Flächeninhalt, als der Dünger zugereicht hat, wenn es auch nur ⅔ oder ¾ des Schlags No. 7. betragen sollte.

Um alles zu versinnlichen, will ich eine Tabelle entwerfen, worin ich, nebst einem 9 jährigen Umlauf, auch das letzte Jahr aus der alten Ordnung aufnehmen werde, um die Folge vor Augen zu haben. Man vergleiche dann die vorige Tabelle mit dieser, und mit Bemerkung dessen, was ich vom letzten Jahre in der Dreifelderwirthschaft bereits beigebracht habe. In den Jahren, in welchen ich die Ueberdüngung des Winterschlags bemerkt habe, habe ich Roggen zu säen angeschrieben, welchen ich sehr gut durch Ueberdüngen habe gerathen sehen; vom Weitzen hatte ich bei dieser Düngungsweise keine Erfahrung. Kalk unter den Mist gestreut, damit er desto früher verrotte und zum Ueberdüngen brauchbarer werde, ist, wo man ihn haben kann, sehr zweckmäßig.

Siehe Tabelle B.

Das erste Jahr der Wechselwirthschaft hat also folgende Ausfälle:

1) Einen Schlag mit Roggen in der dritten Tracht nach frischem Miste, ein Schade am Korn, der nach Abzug der ersparten Saat und des Drescherlohns etwa 350 Rthlr. beträgt, wenn der Preis des Getreides den Anschlägen gemäß berechnet wird.

2) Einen

2) Einen Schlag mit Gerste in der zweiten Tracht, der ohngefähr 300 Rthlr. beträgt.

3) 50 Morgen Erbsen in der Brache, ein Schade, der 200 Rthlr. beträgt.

4) 25 Morgen mit Taback, ein Schade, der für die Herrschaft etwa 250 Rthlr. beträgt.

5) Die Saat der Wicken, welche angekauft werden muß, mit 75 Rthlr.

6) Einige Morgen Kartoffeln für das Hauswesen, die etwa 25 Rthlr. betragen.

7) Die Interessen für das neu angekaufte Nutz- und Mastvieh, die 200 Rthlr. betragen.

8) Die bezahlte Summe an die Planteurs der behackten Früchte zu 500 Rthlr.

9) Der Verlust an Stroh wird durch die Kleeweide, durch das Wickenheu und durch behackte Früchte ersetzt, so daß dieses gar nicht in Anschlag kommen kann; überdem bietet das künftige Jahr, zur Ersparniß des Stallfutters die baldige Kleeweide dar.

Der ganze Verlust würde also in 1900 Rthlr. bestehen. Dieser Ausfall wird aber wieder durch das aus der Ochsenmast verdiente Geld à 1000 Rthlr., durch die grössere Nutzung des Nutzviehs à 500 Rthlr. und durch die Verbesserung des Ackers, da wir schon einen Schlag ganz und einen andern mit halber Düngung versehen konnten, ersetzt. Eine detaillirte Berechnung dieses Gegenstandes würde mich hier zu weit führen. Daher übergehe ich sie; im zweiten Jahre wird es schon besser. Nach und

und nach wird mehr Dünger erworben, so daß allmählig zwei Schläge ganz, mehr oder weniger stark, ausgedüngt werden können. Ich nehme im ganzen ersten Umlaufe nur eine solche Düngung an; rechne aber darauf, daß nach Verlauf desselben, und folglich mit dem ersten Jahre des zweiten Umlaufs $2\frac{1}{2}$ Schläge ausgedüngt werden können, und daß man sich dann die Nutzung des Gutes in der Art versprechen kann, wie ich den Anschlag in den vorigen Abschnitten entworfen habe. Während dieser Zeit muß auch der ganze Viehstand verbessert und nach der Art eingerichtet seyn, wie ich den Plan hiezu entworfen habe. Die Klugheit des Wirths wird sich übrigens nicht an Regeln binden, die eine andere Localität als unstatthaft darstellt.

Hiermit glaube ich denn die Möglichkeit und den Nutzen dieser Wirthschaftsweise auf dem gedachten Lehmboden, den wir in der Mark und den benachbarten Provinzen auf vielen Landgütern finden, dargestellt zu haben. Die Natur der Dinge kennt keine unüberwindlichen Hindernisse; Menschen können ihrer viele schaffen, sie können den Brunnen vergiften, aus dem man helles Lebenswasser geschöpft haben würde.

IX. Abschnitt.
Wechselwirthschaft auf Sandboden.

Sandboden von allen Gattungen bedarf der düngenden und verbessernden Kraft der Wechselwirthschaft eben so sehr, als Lehmboden; er ist aber auch zum Betrieb des Wechsels eben so geschickt, als jener. Er bedarf der Wechselwirthschaft, denn es ist eine bekannte Sache, daß Sandboden, in so fern er Sand ist, keine fruchttragenden Kräfte hat, sondern den auf ihn wachsenden Vegetabilien bloß einen Raum und einen Standort darbietet, wo sie wurzeln können. Reiner Sand, der nicht durch Mischungen von Düngerstoffen und andern Erdarten modifizirt ist, ist ein bloßes Aggregat von kleinen Kieseln, die mehr oder weniger die Form kleiner Körner, oder wohl gar die des feinsten Staubes angenommen haben. Man hat den Rath gegeben, diesen Staubsand mehr zu düngen, um ihn zu binden, und dem Winde zu wehren, ihn von einem Acker zum andern fortzuwehen. Nichts ist gewisser, als dieses; aber es fehlte nur etwas — der Mist dazu. Eben so will man auch bemerkt haben, daß schöner Sandboden, nachdem er

lange

lange ohne Mist Getreide getragen hätte, sich in reinen Wehsand verwandelte. Auch hieran zweifle ich nicht, weil ich aus Erfahrung weiß, daß jeder Sandboden eine Menge des feinsten Sandstaubes in seiner Mischung enthält, und daß diese Mischung nur durch Düngererde eine zusammenhängende Kraft erhalten kann. Auf dem Amte Chorin waren vor dreißig Jahren noch viele Aecker weiter nichts, als reiner Flugsand. Da aber mein seliger Oheim weder Aufwand noch Mühe sparte, um die Aecker des Amtsfeldes zu verbessern, da er jährlich aus dem Oderbruch eine große Menge Heu kaufte, um eine starke Schäferei, die im Sommer in dem ziemlich großen Walde ihre Weide finden konnte, im Winter zu unterhalten, da er durch die zum Amte gehörige Brauerei und Branntweinbrennerei Mastochsen aufzustellen, in den Stand gesetzt wurde, so konnte er so viel Dünger gewinnen, daß er die sämmtliche Brache ausdüngen konnte. Nach und nach brachte er es dahin, daß das Feld zum Anbau des weißen Klees geschickt wurde, und auf der Weide desselben eine Masthammelschäferei etablirt werden konnte. Zur Abhaltung des andern Flugsandes wurden erst todte, dann lebendige Zäune und Hecken angelegt, und die schädlichsten Districte in Schonung mit Kiefern gelegt. Wer nun jetzt das Amtsfeld in Augenschein nehmen und die darauf gebauten Früchte betrachten will, wird der Natur des guten Bodens diese Kraft zuschreiben, weil vom Flugsande fast keine Spur mehr auf den Aeckern zu sehen ist, und nur das Daseyn

desselben

desselben in den sandigen Wegen und auf den Landstraßen und den angränzenden Baueräckern des Dorfs Chorinchen sichtbar ist. Eben so ist es in England, wo, wie zurückkehrende Reisende versichern, auf solchem Boden Weitzen, Wicken und Erbsen in der schönsten Vegetation stehen, weil die Kultur ihm bindende Theile gegeben hat, und angelegte Zäune die Aufwehung neuer Sandmassen abhalten.

Daraus folgt dann, daß der Ackerbau nur dann vom Sande Vortheil ziehen kann, wenn demselben durch Düngung, oder auch wohl durch Vermischung mit Thonerde, die vorher gehörig zerfallen und verwittert war, bindende und nahrhafte Theile zugeführt werden. Da nun die Wechselwirthschaft darauf berechnet ist, durch Abwechselung der Früchte die Kräfte des Bodens nicht zu sehr zu erschöpfen, und durch eine Menge angebaute Futtergewächse recht vielen Dünger zu erwerben, und also den Ertrag des Bodens nicht allein auf Getreide, sondern auch auf eine verhältnißmäßige starke Viehzucht zu gründen, und dadurch dem Acker Nahrung zuzuführen, so ist es wohl kein Zweifel, daß der Sandboden ihrer wohlthätigen Einflüsse bedarf.

Sandboden ist ferner sehr geneigt, durch Unkraut allerlei Art sich zu verunreinigen. Insbesondere ist er ein rechtes Treibhaus für die Quecken, wenn er durch Ackerbau die nöthige Lockerheit erhält. Man hat durch die Brache und hauptsächlich durch das Auseinanderpflügen der Furchen, durch Trennung des Zusammenhangs, und durch rauhe Brache über Winter, auch wohl gar durch vieles Pflügen und Eggen ihrem Wucher Einhalt thun wollen. Einige dieser Mittel sind bloß Palliativmittel, andere vermehren das Uebel noch mehr. Durch vieles Pflügen kann die Quecke nicht ausgerottet werden, denn sie bedarf Lockerheit zu ihrer Existenz, und wenn dasselbe keinen andern Vortheil hätte, so wäre es besser, gar nicht zu pflügen. Vieles Eggen rottet sie eben so wenig aus, weil die Wurzelfasern und Keime dadurch zerrissen werden, und also die Summe der selbstständigen Pflanzen dadurch vermehrt wird. Trennung des Zusammenhangs im Acker und rauhe Winterbrache ist eins der besten Mittel, läßt sich aber auf Sandboden nicht immer anwenden, weil er dadurch zu leicht wird; und gesetzt auch, daß man den Acker jeden Winter auf diese Art behandeln könnte, so bleibt die Ausrottung immer nur auf einen Theil derselben eingeschränkt, der bei günstiger Frühlingsluft, oder sobald der Acker besäet ist, eine zahlreiche Generation erneuert. Wir wollen jedoch diese Kurart des Bodens gar nicht verachten, weil dadurch wirklich manches Gute gestiftet werden kann. Wenn man aber noch andere Mittel hat, sie zu vertilgen, so wollen wir von allen Gebrauch machen, um diesem schädlichen Gast die Thore zu verschließen.

Bekanntermaßen haben die Mecklenburgischen Koppelwirthschaften mit Quecken wenig zu kämpfen, und die Ursache davon ist nicht weit zu suchen, sie liegt in der Natur dieser Grasart. Die Quecke hält sich bloß in einem lockern Boden, stirbt aber aus und vergeht, wenn derselbe mehrere Jahre hinter einander zu Weide liegt. Je fester der Acker dann wird, desto früher zieht dies ihren Untergang nach sich. Je mehr bindende Theile also ein solcher Weideschlag in sich hat, je mehr benachbarte Pflanzen um sich wurzeln, desto reiner wird der Acker. Je fetter man also den Boden vorher durch Mist hat machen können, desto fester wird der an sich lockere Sandboden in den Weidejahren, je besser der angesäete Klee und Gras sich umgrünnten, desto mehr muß die im Druck befindliche Quecke nachgeben. Durch diese Mittel also, die die Wechselwirthschaft in weit höherm Maaße besitzt, als die Koppelwirthschaft, die oft nur alle 11 Jahre den Acker düngen kann, und die Weideschläge oft noch dem wilden Graswuchs überläßt, können wir in der Wechselwirthschaft auf Vertilgung der Quecke Rechnung machen. Gesetzt, daß die Erfahrung lehren sollte, daß hiezu eine zweijährige Weideruhe noch nicht hinlänglich wäre, so werden wir ohnedies zur Vermehrung der Schaafweide mehr als zwei Schläge zur Weide in dergleichen Sandwirthschaften liegen lassen müssen. Da also der Acker drei Jahre hinter einander ruhet, so ist kein Zweifel, daß die Quecke dadurch vertilgt werden kann. Die Reinigung des Ackers durch die Kultur der behackten Früchte kann, so wie das oben angegebene Mittel, auch das ihrige dazu beitragen.

Aber auch gegen den in Dreifelderwirthschaften so sehr überhand nehmenden Hederich: Raphanus Rhaphanistrum,

nistrum, Sinapis arvensis, Brassica Napus, haben wir in der Wechselwirthschaft ein sehr wirksames Mittel. Ihn in der Blüthe abzumähen und die Reife des Saamens zu verhindern, ist wohl das schicklichste Mittel, das gegen ihn angewandt werden kann, weil er nur ein Saamengewächs ist. Vertilgt man die Ursache, so entgeht man der Wirkung. Dieses wird in der Wechselwirthschaft in dem Heuschlage der Wicken möglich seyn. Wenn der Saame, welcher im Acker war, mit den Wicken aufgegangen ist, und unreif zugleich mit den Wicken da steht, so kommen unsere Mäher und mähen ihn ab. Bekanntlich ist dann sein Stroh so gut, als das Wickenheu selbst, weil es viel unentwickeltes Oel in sich enthält. In diesem Schlage können wir uns also freuen, wenn er schaarenweise sich aus dem Acker drängt, um unsern Heuvorrath zu vermehren. Gesetzt daß nun doch noch in der Tiefe einige Saamenkörner lagen, so bringt diese der Pflug durch Umpflügung der Wickenstoppel hervor, die warmen Sommerabende schwellen die Keime und diese werden zerstört, wenn der Weitzen gesäet wird. Auf ganz leichtem Sande, der keine Wicken trägt, wird diese Kurart zwar durch Wicken nicht bewerkstelliget werden können; allein wir werden dazu ein anderes Gewächs finden, das auch vor der Reife abgemähet wird. Die Reinigung des Unkrauts im Schlage mit behackten Früchten, die Weideruhe und die hohe Kultur der Wechselwirthschaft werden für diese und andere Unkräuter tödlich werden.

Diese

Diese vorläufig angezeigten Gründe lassen es also wohl nicht bezweifeln, daß der Sandboden aller Art die Einführung der Wechselwirthschaft höchst nöthig habe. Aber er ist auch geschickt dazu, und sie ist auf ihm eben so gut möglich, als auf strengem Lehmboden, denn:

wo gerathen behackte Früchte, Kartoffeln, Mohrrüben und Turnips besser, als gerade auf Sandboden? Können wir nur den Acker düngen, so erhalten wir im Sandboden eine eben so große Menge dieser Früchte, als auf Lehmboden. Haben wir diese, was fehlt uns dann? Viehfutter haben wir und davon erhalten wir Mist, um abermals zu behackten Früchten düngen zu können. Nach behackten Früchten haben wir noch eine gute Getreideerndte, und auch wohl noch eine Futtererndte zu erwarten, und diese werden den Sandboden rechtfertigen und für den erhaltenen Mist mit Dankbarkeit lohnen. Wo der erste Mist zu behackten Früchten herkommen soll? Zur Beantwortung dieser Frage will ich auf den vorigen Abschnitt verweisen, worinn ich den Uebergang von der Dreifelderwirthschaft zur Wechselwirthschaft im Lehmboden dargestellt habe. Man muß natürlicherweise die Düngung des Landes zu behackten Früchten der Düngung zu Getreide das erstemal vorziehen, und einige Ausfälle in diesem vors erste nicht scheuen. Da man nun mit der Fütterung der behackten Früchte schon im September den Anfang machen kann, so kann von da bis Weihnachten noch in demselben Jahre eine ziemliche Menge Mist gemacht werden. Mit diesem Miste wird nun noch in dem-

selben

selben Jahre die Winterfrucht überdüngt, welches nach meiner Erfahrung beim Roggen eine gleiche Wirkung hat, als wenn der Mist eingepflügt worden wäre. Es ist also hierdurch die Kraft des Mistes zweimal in einem Jahre angewendet, und gleich einem beschleunigten Geldumsatze zu doppelten Zinsen verwendet worden. Das künftige Jahr wird den Mangel des Mistes weniger fühlbar machen, und nach Verlauf einer 9 jährigen Zirkulation wird man im Stande seyn, zwei ganze Schläge auszudüngen. Wo aber Mist ist, da kann ferner

der Acker auch zur künstlichen Weide geschickt gemacht werden, wenn man den Saamen dazu nicht in ausgemergeltes Haberland in der vierten Tracht, sondern in die erste Tracht nach frischem Miste säet. Es ist zwar nicht jeder Sandboden zu Anbau des rothen Klees geschickt, sogar der weiße Klee geräth selbst zur Weide nicht immer auf trocknem Sande. Ein feuchter Sand, der Mist hat, ist fähig für den letzten, und fast jeder Sand, der bindende Theile durch etwas beigemischten Lehm oder vieljährige Düngung in seiner Mischung hat. Lassen wir jedoch diese Kleearten dem Lehmboden und dem bessern Sande, auch der magerste Sand hat seine ihm eigenthümlichen Gewächse, die er, wenn er nur Mist erhält, recht freudig nährt. Es würde mich zu weit führen, und sogar über meine Kräfte seyn, ein durch eigene Erfahrung bewährtes System dieser für jede Art von Sand passenden Gewächse hier aufzustellen; ich verweise daher auf Bergens Viehzucht und Thaers

Nieder-

Niedersächsische Annalen, wo der Suchende Befriedigung erhalten wird. Also Weide ist auch möglich auf Sandboden, und was ihr gegen die Weide auf gutem Lehmboden an Quantität des darauf wachsenden Futters abgeht, das ersetzt sie durch ihre Güte als Schaafweide. Dieses führt mich zu zweierlei Betrachtungen, fürs erste, daß man auf schlechtem Sandboden mehrere Weideschläge zur Viehhütung zu bestimmen Ursache haben wird, und fürs zweite, daß man den Sandboden hauptsächlich der Viehzucht im engern Sinne und insbesondere der Schaafzucht widmen wird. Hier auf allerlei Sandboden finden Zuchtschaafe und Lämmer die gesündeste Nahrung, die sie nur irgendwo finden können, daher seyen Wechselwirthschaften auf Sandboden der Erziehung dieser nützlichen Thiere geeignet.

Ob die Erziehung des Wickenheues auf einer und der andern Sandwirthschaft möglich ist, muß die Art des Sandes, seine längere und bessere Kultur und seine mehr oder minder tiefe Lage ausweisen. Ein gleiches gilt vom Anbau des Weitzens und der Erbsen. Es ist jedoch unstreitig, daß die Wechselwirthschaft dazu eher, wie jede andere, den Weg zur Erbauung dieser Früchte auf Sandboden bahnt. Diese Gewächse erfordern einen etwas konsistenten und kühlen Boden, und einen solchen bereitet ihnen der in unserm System angegebene Wechsel: durch diesen wurden wir in den Stand gesetzt, gute Weideschläge anzulegen, und die Schaafe drei Jahre hindurch darauf zu weiden. Da der Acker in dem ersten

Jahre

Jahre nach frischem Miste in Ruhe gelegt wurde, so hatte er noch Kräfte in sich; der darauf gefallene Mist vom Weidevieh vermehrte dieselben, und leidet es unter diesen Umständen wohl einen Zweifel, daß ein solcher aufgerissener, und im ersten Frühling sogleich besäeter Weideschlag, nicht Konsistenz und Kühlung genug haben sollte, um Erbsen oder wohl gar Wicken darin zu bauen? Ich wollte es wohl auf einen Versuch ankommen lassen. Sollte es jedoch im allerschlechtesten Sande im ersten Umlauf, und im zweiten noch nicht möglich seyn, so wird vielleicht im dritten Umlaufe das bewerkstelliget werden können, was sonst nur auf gutem Sandboden möglich war. Und gesetzt, daß er auch niemals fähig wurde, mit Nutzen und ohne Risiko Wicken und Erbsen darauf zu erbauen, so haben wir ja auch Roggen und Haber nöthig, und diese Getreidearten werden desto besser sich in diesem wohlgedüngten Lande halten. Zum Wechsel haben wir noch Buchweitzen, der allenfalls, wenn er keine gute Erndte verspricht, schon in der Blüthe wieder umgepflügt werden kann, und dann zur grünen Düngung dienend eine desto bessere Roggenerdte vorbereitet.

Um Heu zu gewinnen und auch zu Weide, haben wir ja den bekannten Spörgel, der auf wohlgedüngtem Sandboden sein Conto findet, und zum Abmähen so gut, als zur Weide gebraucht werden kann.

Auf besserm Sandboden, der eine Mischung von Lehm in sich hat, können überdies fast alle Früchte gebauet

werden,

werden, die der Lehmboden erzeugt. Zuweilen kann kleine vierzeilige Gerste, an die Stelle der zweizeiligen treten, oder Haber an die Stelle der Gerste. Wollen wir darauf eine sehr frühe und im Herbst eine recht späte Weide für die Schaafe haben, so können wir Rübsen oder Raps zu diesem Behufe säen. Er kann in die Stoppel gesäet werden, die vor behackten Früchten vorhergeht, und noch im Herbste und im ersten Frühling zur Weide der Schaafe dienen und also, der Düngung des Ackers und seiner fernern Kultur zu behackten Früchten unbeschadet, eine sehr wichtige Lücke ausfüllen.

Noch muß ich eines **Unterschiedes** gedenken, auf den man bei derangirten Feldern Rücksicht zu nehmen hat, ehe sie in den Stand der Fruchtbarkeit gesetzt sind, den wir bei der angegebenen Fruchtfolge auf Lehmboden voraussetzten. Wir hatten dort 5 Schläge mit reifem Getreide, einen Schlag mit Wickenheu, einen mit behackten Früchten und zwei zur Weide. Auf ausgesogenem oder von Natur magerm Felde ist dieser Getreidebau noch immer zu stark; wir dürfen da nur 4 Schläge dem reifen Getreide und müssen 5 Schläge ganz der Viehzucht widmen.

Der dadurch mehr gewonnene Mist wird den Getreideschlägen einen höhern Schwung geben, und die mehreren Einkünfte einer bessern Viehzucht, werden auch die ersten dadurch entstehenden Ausfälle an Getreide dekken. Diese Regel muß man wenigstens beim Uebergang zur Wechselwirthschaft vor Augen haben und nur ein ge-

übtes

übtes oekonomisches Auge kann den Zeitpunkt bestimmen, wo es rathsam ist, das angegebene Verhältniß umzukehren, und 5 Getreidefelder bei 4 Futterungsschlägen anzulegen. Doch setze ich bei diesem Verfahren die einmal vor allemal angenommene Bedingung voraus, daß kein wilder Heugewinn und keine Abtriften da sind. Diese können der Sache eine andere Gestalt geben; aber es gehört sehr viel dazu, wenn sie mit Nutzen den fünften Getreideschlag möglich machen sollen. Des Viehfutters kann so leicht nicht zu viel werden, weil der Mist eine zu edle Sache ist, als daß der Landwirth denselben überflüssig haben könnte. Es ist leicht einzusehen, daß auf 4 wohlgedüngten Getreideschlägen mehr Getreide wachsen kann, als auf 6 Schlägen, wenn sie in 15 Jahren kaum einmal gedüngt werden können. Hier ist wenig Stroh und wenig Korn, dort beides in grösserer Menge, und wohl gemerkt, die Viehzucht giebt einen eben so starken reinen Gewinn, als Getreide, und ist für die Zirkulation des Geldes im Lande eben so vortheilhaft, da bis jetzt viele Summen dafür aus dem Lande gegangen sind.

Hiemit glaube ich denn auch die Möglichkeit und Nützlichkeit der Wechselwirthschaft auf Sandboden erwiesen zu haben. Die Berechnungen wird man mir schenken, da ich die Grundsätze dazu in den vorigen Abschnitten dargelegt habe. Ich werde also nur noch einige Fruchtfolgen, die man etwa auf Sandboden anwenden könnte, hier beifügen und dann die Ausführung meines Thema mit dem Wunsche beschließen, daß die Erfahrung

rung anderer Märkischen Wirthe meine Erwartung und dargelegte Ueberzeugung rechtfertigen möge. Habe ich geirrt, so wird die Wahrheit auch hier den Sieg davon tragen.

1) Auf gutem lehmigen Sandboden, der Weitzen und Gerste trägt und zur Zuchtschäferei bestimmt ist:
   1) Wicken mit Düngung.
   2) Weitzen mit weißem Klee und Grassaamen.
   3) Weide.
   4) Weide.
   5) Haber, und in die Stoppel Rapssaat zur Hütung.
   6) Behackte Früchte mit Mist.
   7) Gerste.
   8) Erbsen.
   9) Roggen.

2) Auf einem gleichen Boden, der aber durch vorhergegangene schlechte Wirthschaft ausgesaugt war, und erst wieder in Kraft gesetzt werden soll:
   1) Wicken mit Düngung.
   2) Weitzen oder Roggen mit rothem und weißem Klee und Grassaamen.
   3) Weide.
   4) Weide.
   5) Weide.
   6) Haber.
   7) Behackte Früchte mit Mist.
   8) Erbsen.
   9) Roggen.

Wenn

Wenn der Weide zu viel seyn sollte, so kann ein Weideschlag einmal gemähet und dann erst zur Weide gebraucht werden. Um frühe Weide zu erhalten, kann man auch im Schlag No. 6. nach Haber noch Rapssaamen säen. An Futter kann es nicht fehlen, da die Wikken, das Heu von einem Weideschlage, und die behackten Früchte eine Menge darreichen. Daher kann eine sehr starke Schäferei gehalten werden. Die Getreideschläge werden unter diesen Umständen reichlich lohnen und der Acker bald wieder in Stand gesetzt seyn.

3) Auf gleichem Boden, jedoch im reichen Düngungszustande, wenn man Kleesaamen, statt einer Getreidefrucht bauen will:

1) Wicken mit Düngung.
2) Wicken mit Klee.
3) Saamenklee und einen Schnitt zu Heu.
4) Erbsen mit halber Düngung.
5) Roggen oder Weitzen.
6) Behackte Früchte mit Mist.
7) Gerste mit Grassaamen und Bibernelle.
8) Weide.
9) Weide oder Haber.

4) Auf einem gleichen Boden; aber in der besten Kultur und wo man wenigstens $\frac{1}{3}$ Menschen mehr hat, als bei der gewöhnlichen Wirthschaft, um Stallfütterung und zwei Schläge mit behackten Früchten halten zu können:

1) Haber.

2) Be-

2) Behackte Früchte mit Mist.

3) Gerste.

4) Erbsen.

5) Roggen einjährig bestellt.

6) Behackte Pferde-Bohnen mit Mist.

7) Weitzen mit Klee.

8) Klee zum Abmähen, im Herbst überdüngt.

9) Klee zum Abmähen.

Diese Wirthschaft kann nicht nur auf sehr gutem Sandboden, der vorher schon einige Zirkulationen einer andern Fruchtfolge überstanden hatte, eingeführt werden, sondern auch auf Lehmboden sich sehr vortheilhaft beweisen, wenn man eine Kuhmelkerei etablirt. Auf Sandboden kann man auch die Erziehung von jungem Rindvieh sich zum Gegenstande machen.

6) Auf einem gleichen Boden in der besten Kultur, wenn man statt einer Getreidefrucht, Taback bauen will, und Menschen genug hat, um zwei Schläge mit behackten Früchten zu pflanzen, und viel wildes Heu, um den Acker in gehöriger Düngung zu erhalten, und um das Stroh zur Streu hauptsächlich verwenden zu können:

1) Wicken mit Mist.

2) Wicken mit Klee und Grassaamen.

3) Weide.

4) Weide.

5) Haber.

6) Taback mit Mist.

7) Rog-

7) Roggen.
8) Behackte Früchte mit Mist.
9) Gerste.

6) Auf gleichem Boden, wenn man statt einer Getreidefrucht reifen Winterrübsen bauen will; jedoch unter Voraussetzung eines starken wilden Heugewinns:

1) Wicken mit halber Düngung.
2) Weitzen.
3) Erbsen mit Mist.
4) Gerste mit Klee und Grassaamen.
5) Weide.
6) Weide.
7) Haber.
8) Behackte Früchte mit Mist.
9) Winterrübsen, in die Stoppel Spörgel zur Weide oder zu Heu.

7) Eine siebenschlägige Wirthschaft auf gleichem Boden, wo man Menschen genug zur Stallfütterung der Kühe hat:

1) Wicken mit Mist.
2) Weitzen mit rothem Klee, der nicht abgehütet werden darf.
3) Klee zum Abmähen.
4) Roggen einfährig bestellt oder Haber zum Theil.
5) Behackte Früchte mit Mist.
6) Gerste oder Haber.
7) Erbsen.

Die

Die Stallfütterung geschieht im Sommer theils durch Klee, theils durch grüne Futterwicken, und sobald die frühen Turnips zeitig werden, auch mit Zuziehung dieser. Das Uebrige wird getrocknet und für den Winter aufgespart. Die Anzahl der Kühe muß so abgemessen werden, daß der Bedarf an Sommerfutter dem des Winters gleich ist.

8) Auf gleichem Boden, der aber zu Aussenschlägen gebraucht werden, und nur alle 5 Jahre Mist bekommen soll, in 5 Schlägen liegend:
   1) Wicken mit Mist.
   2) Roggen mit Klee und Grassaamen.
   3) Weide.
   4) Weide.
   5) Haber.

9) Auf gleichem Boden, der aber wegen eines sehr grossen Guts und sehr wenigen Menschenhänden, in 12 Schläge gelegt werden muß:
   1) Wicken zu Heu mit Mist.
   2) Weitzen mit Klee und Grassaamen.
   3) Weide.
   4) Weide.
   5) Weide.
   6) Haber.
   7) Behackte Früchte mit Mist.
   8) Gerste.
   9) Erbsen.
   10) Roggen.

11) Reife Wicken mit halber Düngung.
12) Roggen.

10) Auf gleichem Boden eine fünfschlägige Wirthschaft mit Stallfütterung:
1) Futterwicken und behackte Früchte mit Mist.
2) Gerste mit Klee.
3) Klee zum Abmähen.
4) Erbsen mit halber Düngung.
5) Weitzen und Roggen.

11) Dieselbe Wirthschaft, nur ohne Stallfütterung.
1) Futterwicken und behackte Früchte mit Mist.
2) Gerste mit Klee- und Grassaamen.
3) Weide.
4) Weide bis Johanni, dann Brache.
5) Roggen oder Weitzen.

12) Dieselbe Wirthschaft mit halber Stallfütterung.
1) Wicken zu Heu, Erbsen und Wicken zur Reife mit Mist.
2) Weitzen und Roggen mit Klee.
3) Kleehütung und Mähklee.
4) Kartoffeln mit Mist und Kleehütung.
5) Gerste und Haber.

13) Eine sechsfeldrige Wirthschaft auf gutem lehmigen Sandboden:
1) Wicken zu Heu mit Düngung.
2) Weitzen mit Klee- und Grassaamen.
3) Weide.

4) Die

4) Die Hälfte Weide, die andere Hälfte gedüngt und mit behackten Früchten bestellt.

5) Erbsen.

6) Roggen.

In dieser Wirthschaft fehlen Gerste und Haber. Ersetzt man den Mangel des letztern zu Pferdefutter durch Erbsen, Roggen und behackte Früchte, welche die Pferde gar nicht verschmähen, und die fehlende Gerste durch Ankauf, so dürfte wohl dieser Wechsel auf manchen Localitäten sehr zweckmäßig seyn. Viermal reifes Getreide in 6 Jahren kann nur ein Acker mit Vortheil tragen, wenn er entweder viel vegetabilischen Stoff enthält, oder viel Zugänge auf einem ausser ihm liegenden Wege erhält; hier also nur dreimal, und diese sind Weitzen, Roggen und Erbsen, als die theuersten Getreidearten. Auch Futter ist hinlänglich vorhanden, denn die ganze Hälfte des Gutes ist dem Futterbau gewidmet. Es ist Verhältniß in der Arbeit, weil zwei Winterschläge und zwei Sommerschläge da sind, und in so fern auch Verhältniß bei der Winterfütterung. Das Wickenheu und das Erbsenstroh ersetzen hinlänglich und doppelt das fehlende Haber- und Gerstenstroh.

14) Fruchtfolge auf ordinairem Sandboden, der keinen Weitzen trägt:

1) Wicken.

2) Roggen mit weißem Klee, Spörgel und Grassaamen.

3) Weide.

4) Weide.
5) Weide bis Johanni, dann Brache.
6) Erbsen.
7) Roggen.
8) Behackte Früchte mit Mist.
9) Kleine Gerste.

15) Oder auch zu einem noch stärkern Roggenbau in noch leichterm Boden:

1) Wicken mit Mist zu Heu.
2) Roggen mit Klee, Grassaamen und Spörgel.
3) Weide.
4) Weide.
5) Weide bis Johanni, dann Brache.
6) Roggen.
7) Behackte Früchte, besonders Mohrrüben mit Mist.
8) Erbsen.
9) Roggen.

16) Wenn das Land auch keine Gerste und keine Wikken trägt, die zu Heu gebraucht werden können, sondern nur Erbsen im Dünger:

1) Behackte Früchte mit Mist.
2) Haber mit Saamen von trifolium procumbens und mancherlei Sandgräsern.
3) Weide.
4) Weide.
5) Weide.
6) Erbsen mit Düngung.
7) Roggen.

8) Buchweitzen.

9) Roggen.

17) Wenn der Sand so schlecht ist, daß er auch keine Erbsen trägt, also bei der Dreifelderwirthschaft dreijährig Roggenland wäre:

1) Behackte Früchte mit Düngung.

2) Sommerroggen mit Grassaamen und gelbem Klee.

3) Weide.

4) Weide.

5) Weide.

6) Buchweitzen, welcher umgepflügt wird, wenn er nicht zu gerathen scheint.

7) Roggen.

8) Spörgel zu Heu in Mist.

9) Roggen.

18) Meine eigne Wirthschaft in Weselitz hat, da sie nicht mehr als 7 Felder zuläßt, folgenden Wechsel. Jeder Schlag hat 208 Morgen Landes, und außer den 7 Schlägen ist noch eine Wörde von 25 Morgen, die mit Luzerne angebauet ist:

1) 208 Morgen Wicken zu Heu, in Düngung.

2) Weitzen mit Klee.

3) Weide.

4) Weide.

5) Haber.

6) 104 Morgen Erbsen, und 104 Morgen behackte Früchte, sämmtlich in Düngung.

7) 58 Morgen Roggen und 150 Morgen Gerste.

Darauf können gehalten werden 100 Kühe, 100 Mastochsen, 1000 Hammel im Winter, und 2000 werden im Sommer nach und nach fett gehütet.

Man wundere sich aber nicht, wenn ich hie und da sowohl von dieser Fruchtfolge abweiche, als auch mit der Haltung dieses Viehes Veränderungen vornehme. Zeit und Pachtverhältnisse können dies leicht erfordern; und wenn dergleichen Abweichungen den allgemeinen Regeln nicht entgegen stehen, so sind sie es gerade, wodurch sich der denkende, mit allen seinen Verhältnissen fortschreitende, Landwirth von dem mechanischen unterscheidet. — Das Ziel der größten Vollkommenheit einer Wirthschaft steckt sogar in der individuellen Dispositionsfähigkeit des Besitzers, wie wir dies von der Wirthschaft des grossen englichen Wirths Dücket, aus dem 3ten Theil der Thaer'schen Einleitung zur Kenntniß der englischen Landwirthschaft S. 169 - 189 wissen. Diese Aeusserung gereiche mir aber nicht zum Vorwurf, als bildete ich mir ein, das ausgezeichnete Genie dieses einzigen Mannes, und den hohen Standpunct seiner Oeconomie erreichen zu wollen. Nein! meine Pachtverhältnisse erlauben mir so wenig die Anwendung der Mittel, welche zu diesem Standpunct führen, als meine Fähigkeiten mir die Erreichung jener Kräfte möglich machen. — Ich will im Ganzen nur so viel sagen: man halte sich nicht sklavisch an die für die damaligen Zeitverhältnisse als passend gewählte

Rotation, sondern erlaube sich davon auch Abweichungen, je mehr oder weniger sich die vorigen Verhältnisse verändert haben.

Es würde leicht seyn, noch eine Menge solcher Schemata zu Fruchtfolgen zu entwerfen; allein ohne eine bestimmte Localität vor Augen zu haben, wo man auf alle Umstände und Seitenbranchen Rücksicht nehmen kann, ist es beinahe vergeblich, und muß bloß dem Ermessen des jedesmaligen Wirths überlassen werden. Mit bestimmten Einsichten in die Regeln der Wechselwirthschaft, verglichen mit der Fähigkeit des Bodens und mit dem Bedarf an Mist und Menschen, wird es leicht seyn, nach oeconomischen Grundsätzen die Vortheile und Anwendbarkeit der einen oder der andern Fruchtfolge auszumitteln, und dazu wünsche ich jedem unternehmenden Landwirthe den Segen des Himmels!

Anhang.

Widerlegung der, gegen die Fruchtwechselwirthschaft von dem Herrn E. Ch. von Buggenhagen gemachten Einwürfe.

Der Herr Landrath E. Ch. von Buggenhagen hat seiner Schrift:

Beiträge zur Aufnahme der Landwirthschaft in Schwedisch-Pommern in Rücksicht auf leichte Felder ꝛc. Rostock und Leipzig 1803.

eine Betrachtung über die erste Auflage meiner vorliegenden Abhandlung mit beigefügt. Die Beiträge selbst hat der Herr Geheimerath Thaer im 4ten Stück des 5ten Jahrgangs der Annalen der Niedersächsischen Landwirthschaft S. 392 bis 412 gewürdiget.

In gedachter Betrachtung berührt der Herr von Buggenhagen zuerst diejenigen Punkte jener Abhandlung, welche ich in seinen Sinn geschrieben habe, und von deren Wahrheit und Nützlichkeit er sich überzeugt hält, auf eine für mich so ehrenvolle Weise, daß diese bei weitem meine Erwartung und Ansprüche übertrifft.

Frei-

Freimüthig und unbefangen äussert er aber auch da seine Zweifel gegen die Nützlichkeit meiner Vorschläge, wo diese seiner Ueberzeugung entgegen stehen, und macht gegen deren Ausführung Einwürfe, die sich auf seine Erfahrung von der Nützlichkeit der Mecklenburgischen Koppelwirthschaft gründen sollen.

Der humane Ton, in welchem diese Einwürfe vorgetragen sind, überzeugt mich davon, daß nicht Widersprechungsgeist, sondern Eifer für die Erforschung der Wahrheit ihnen zum Grunde liegt. Da Wahrheit allein nur durch Mittheilen der gegenseitigen Ideen und Erfahrungen zu erforschen ist, und diese auch bei der Bearbeitung meiner Abhandlung mein Hauptzweck war und noch ist; so kann ich nicht umhin, dem Herrn von Buggenhagen hierdurch öffentlich meinen Dank, mehr für die Mittheilung seiner Einwürfe, als für das mir ertheilte Lob — obgleich mir dies aus der Feder eines Wahrheitsforschers auch nicht gleichgültig ist — zu erstatten. Tadel und Einwürfe, in sofern sie ein Erzeugniß unedler Leidenschaften sind, werde ich nie weder beantworten noch widerlegen, weil ich nur Beruhigung in dem Bewußtseyn, nach meinen Kräften Gutes zu wirken, nicht aber in dem Gedanken, das letzte Wort gegen Leute zu haben, denen es mehr um Rechthaberei, als um Wahrheit zu thun ist, finde.

Möge der Herr von Buggenhagen folgende Widerlegung seiner Einwürfe, die ich der Sache und mir selbst schuldig zu seyn glaube, nach dem, was ich

zuvor

zuvor gesagt habe, beurtheilen, und mir erlauben, zu der Widerlegung selbst überzugehen.

Die Hauptveranlassung, wodurch der Hr. v. B. sich bewogen fand, seine Betrachtung dem Publikum vorzulegen, ist meine S. 265 der ersten Auflage beigebrachte Aeusserung,

daß auch Sandboden zum Betriebe der Wechselwirthschaft geschickt sey. — Wo aber habe ich gesagt: daß auch der leichteste Sandboden im Großen dazu geschickt sey? Dies habe ich nirgendswo behauptet; denn nach meiner Ueberzeugung gehören — ausgeschlossen kleine Distrikte, die durch besondere Kulturmittel wohl zum Ackerbau geschickt gemacht werden können — auf diesen nur Kiefern. In sofern aber der Sand von der Beschaffenheit ist, daß er durch irgend eine Wirthschaftsart im Großen zum Ackerbau mit Vortheil tauglich gemacht werden kann, in sofern ist er nach meiner Ueberzeugung auch zur Fruchtwechselwirthschaft geeignet, und sein Ertrag kann durch deren Anwendung erhöhet werden.

Es würde hier der Ort seyn, mich näher darüber zu erklären, was ich S. 265 u. s. w. unter Sandboden verstanden habe, wenn nicht Herr Thaer an dem Eingangs angezeigten Orte S. 401 eine Erläuterung darüber beigebracht hätte, die mir beweiset, daß er mich völlig verstanden hat, und ich glaube wohl nicht zu viel zu verlangen, wenn ich dies von jedem fordere, der mir nicht alle praktische Erfahrung und Beobachtungsgeist abspricht. Ich bemerke daher nur noch zu der an demselben Orte

enthal-

enthaltenen Vereinigung des Hrn. Thaer mit dem Hrn. v. B., daß ein solcher Boden, der weder einen Zusatz von Lehm noch von Dammerde besitzt, nach meiner Meinung durch die Holzkultur höher, als durch mehrjähriges Dreeschliegen genutzt werden kann; es sey denn, daß eine besonders tiefe Lage und günstige Orts-Verhältnisse ihn zum Fruchttragen geschickt machen, und in diesem Fall wird auch auf ihm Wechselwirthschaft an ihrem rechten Orte stehen.

Hat Hr. v. B. nun geglaubt, daß ich unter Sandboden, auf welchen ich die vorgeschlagenen Rotationen empfohlen habe, einen von allem Lehm und aller Dammerde ausgeschlossenen Sand verstanden habe, — so würde ich ihm weiter nichts zu sagen haben, als was ich eben über diesen Boden gesagt habe, und eine Widerlegung seiner Einwürfe würde ganz unterbleiben können. Hat Hr. v. B. mich aber wirklich recht verstanden, und behauptet dennoch: daß jeder Boden, in welchem nicht der Lehm prädominirt, nur allein durch die Koppelwirthschaft mit Ruhe und zwei Brachen vortheilhaft genutzt werden könne, — so muß ich ihm widersprechen, und zum Theil durch seine eigenen Behauptungen und Geständnisse widerlegen.

S. 12 seiner Schrift führt er an:

„Der schlechteste Sand kann durch Kultur, selbige „bestehe, worin sie wolle, dahin gebracht werden, alle „Getreidearten reichlich zu produciren."

Ist nun aber Dünger und Wechsel der Früchte ein

Haupt-

Hauptmittel zur Kultur, und Getreidebau der Zweck — wie Hr. v. B. zum öftern äussert, und worin ich ihm auch beitrete — warum fordert er denn als absolute Nothwendigkeit das Dreeschliegen und die Haltung der Brache zur Beförderung der Kultur? da es doch in die Sinne springend ist, daß auf diesem Wege nur sehr langsam zum vorgesteckten Ziele zu gelangen ist.

Daß Hr. v. B. den Dünger, dieser Forderung zum Troß, als ein Haupt-Kulturmittel kennt, beweiset folgende Bemerkung desselben S. 30.

„Ich muß freilich hiebei bemerken, daß ein leich„ter Boden durch nichts mehr veredelt wird, als „durch ein starkes Düngen, und man kann dadurch „das schlechteste Haferland zuletzt zu Gerstacker um„schaffen. Wenn wir unsere sogenannten Wörten, „Gildeländer und Gorden betrachten, was sind sie „größtentheils anders, als ein durch fortwährende „starke Düngung veredeltes Land? Sie haben auf „ihrer Oberfläche den schönsten Boden, und kaum in „einem Fuß Tiefe findet sich der helle Sand."

Auch daß Hr. v. B. die Vortheile vom Wechsel der Früchte nicht unbekannt sind, leuchtet aus nachstehendem Geständnisse hervor:

S. 137. „Die Erfahrung aber, daß die Getrei„dearten bei einem beständigen Wechsel besser gerathen, „rührt schon aus den ältesten Zeiten her u. s. w."

Bei allen diesen seinen Zugeständnissen und Aeusserungen aber, findet er es doch äusserst gefährlich, die Ab-

schaffung

schaffung der Brache, die nach meiner Ueberzeugung ein Mittel zur Düngervermehrung und also zur Befruchtung des Ackers abgiebt, anzurathen. Er pflichtet mir S. 132 darin bei, daß man sandigen Boden nur allein durch starke Düngung zu einem ergiebigen und fruchtbaren Acker umschaffen könne, nur fügt er hinzu, daß er in Ansehung der hierzu erforderlichen Mittel mit mir verschiedener Meinung sey. Hierbei widerspricht er sogleich einem von mir S. 140 behaupteten Grundsatz, auf welchem ich, seiner Meinung nach, mein ganzes System baue, nämlich dem:

daß die Menge des Mistes dadurch nicht vermindert wird, wenn das Stroh durch die Verdauungskraft des Viehes erst zu gutem Miste vorbereitet worden ist.

Er meint, ein jeder praktische Wirth werde ihm darin beistimmen, daß dieser Grundsatz ganz falsch sey, und daß der Mist dadurch allemal in seiner Quantität und Qualität verringert werde.

Ich behaupte diesen Grundsatz noch jetzt, und beziehe mich auf meine deßfalsige Erläuterung, welche in der Sanderslebenschen ökonomischen Zeitung vom 14ten Januar d. J. unter No. 3 enthalten ist, und auf die Erklärung des Hr. Thaer in dem schon erwähnten Stück der N. Annal. S. 403 bis 407. Wie aber kommt doch Hr. v. B. auf die Meinung, daß ich auf diesen Grundsatz mein ganzes System gebauet habe? Wo findet er im ganzen Buche die Anwendung dieses Grundsatzes? Ich habe jenen Grundsatz nur als Raisonnement angegeben, keines-

keinesweges aber als Grundlage bei meiner Düngerberechnung angenommen; und dies that ich, weil mir specielle Grundsätze zu Düngerberechnungen, wie wir sie durch Herrn Meyer kennen gelernt haben, damaliger Zeit noch unbekannt waren, und ich auf meine zu jener Zeit noch nicht völlig berichtigten Versuche dieser Art, meine Berechnungen nicht gründen mochte, um den Schein der Unwahrscheinlichkeit oder der Spielerei zu vermeiden. Daß ich jenen Durchschnittsgrundsatz auch in dieser Ausgabe noch beibehalten habe, ist deshalb geschehen, weil noch jetzt dem größten Theile der Wirthe jene Grundsätze unbekannt sind und von vielen nicht als wahr anerkannt werden.

S. 134 führt Hr. v. B. an: daß er den Kartoffel- und Kleebau im Großen betrieben, allein bei deren Futterung nie wesentliche Vortheile in Ansehung der Quantität des Mistes bemerkt, wohl aber dadurch, daß das Vieh besser genähret wird, selbigen von mehrerer Güte befunden habe.

Es ist unmöglich, daß Hr. v. B. in diesem Punkte comparative Versuche angestellt hat, sonst könnte er diese Behauptung nicht dem Publikum vorgetragen haben. Es springt zu sehr in die Augen, daß ein Zusatz von behackten Früchten zu dem gewöhnlichen Viehfutter eine Düngervermehrung zur Folge haben muß. Ich will hier, durch eine Probe den Beweis meiner Behauptung führen.

Gesetzt, ich gebe einem Ochsen täglich 20 Pfund Stroh und 10 Pfund Heu als Futter, und streue ihm

4 Pfund

4 Pfund Stroh unter, so werden nach dem Grundsatz, daß sich das Futter um $2\frac{1}{2}$, und die Streu um 2 mal ihres Gewichts vermehren, täglich 107 Pfund Mist erfolgen. Würde ich diesem Futter nun noch 50 Pfund Kartoffeln zusetzen, so würde der Ochse doch auf jeden Fall 12 Pfund Rauhfutter unverzehrt liegen lassen, die der Streu zuwachsen, und ohne darauf zu rechnen, daß von den 50 Pfund Kartoffeln mehr und kräftigere Exkremente zurück erfolgen müssen, als von dem übrig gebliebenen 12 Pfund Rauhfutter, so würden diese dem Düngergewinn, als Streu mit 2 mal ihrer Gewichtsvermehrung berechnet, doch zuwachsen müssen, mit 36 Pfund und der ganze Düngergewinn würde sonach statt 107 Pfund in 143 Pfund und also in der Vermehrung eines Drittheils des ganzen Gewinns bestehen.

Herr v. B. führt ferner an: daß der Nutzen, welchen der rothe Klee dem Getreidebau leiste, nach seiner Erfahrung hauptsächlich in den von ihm zurück gebliebenen und gehörig verfaulten Wurzeln bestehe. Daß diese besonders auf schwerem Boden das ihrige zur Auflockerung desselben beitragen, ihn poröser und zur Einwirkung der atmosphärischen Düngung geschickt machen, leugne ich nicht, wohl aber versichere ich, daß mir der Klee selbst, in mittel- und unmittelbarer Beziehung auf den Getreidebau lieber ist, als die Wurzeln desselben, und gern möchte ich Herrn von B. allemal meine Kleewurzeln für seinen Klee geben. Unmittelbar, wird auf jeden Fall mehr Vortheil zur Hervorbringung der erwähnten

ten mechanischen Wirkungen dabei seyn, wenn der grüne Klee untergepflügt wird, als wenn dessen Wurzeln bloß in der Erde bleiben; und mittelbar, wird sich der Werth durch das Verfuttern noch mehr vergrößern, da es ausgemacht ist, daß nahrhafte Futtersubstanzen durch die Verdauungskraft der Thiere zum Dünger geschickter gemacht und auch vermehrt werden.

Die Behauptung S. 134: daß alle Erfahrungen den Nachtheil bestätigen sollen, welchen der Anbau eines jeden Gewächses in der Brache dem darauf folgenden Winterkorn auf leichtem Boden verursachen soll, ist falsch. Ich habe in der vorliegenden Auflage meiner Schrift der Umstände und auch der Erfahrungen gedacht, unter welchen das darauf folgende Winterkorn nicht zurück geschlagen ist; auch trifft guten und reinen Klee dieser Vorwurf nicht.

Das nur das Winterstroh allein das Hauptmaterial zum Dünger abgebe, diese Behauptung hat Herr Thaer an dem schon mehrgedachten Orte S. 408 und 409 bereits gründlich widerlegt, und würde eine mehr detaillirte Nachweisung von dem Gegentheile dieser Behauptung hier zu weitläuftig werden.

S. 58 der ersten Auflage meiner Schrift, habe ich angeführt: daß das Wintergetreide nach behackten Früchten selten von erwünschter Beschaffenheit ist; S. 28: daß auf todtem Flugsande mehrere Acker besitzende Hausleute auf dem Amte Chorin seit zwanzig Jahren, bei einer zweijährigen Düngung und bei einem Wechsel von Kartoffeln und Winterroggen, die schönsten Früchte bauen. Aus diesem scheinbaren Widerspruche folgert Hr. v. B. daß meine Theorie noch schwankend sey. Das Ganze aber ist ein Mißverständniß, welches ich in der gegenwärtigen Auflage erläutert habe. Auffallend aber ist die Erfahrung, welche er auf dem Lassaner Stadtfelde gemacht haben will, und welche er S. 135 der meinigen, in Betreff des guten Wintergetreides, entgegen setzt. Es ist ja entschieden, daß Sommergetreide im Kartoffelacker recht in seinem Elemente stehet. Sollten dies die Lassaner Hausleute nicht wissen — je nun so wäre es doch Pflicht des Hr. v. B., sie darin zu belehren, besonders da er selbst davon überzeugt ist, wenigstens hat er dies S. 134 von der Gerste zugestanden, und wer bezweifelt es vom Hafer und Sommerroggen? Ich gewann im vorigen Jahre nach Kartoffeln in leichtem Boden vom Hafer das 16te und von der Gerste das 12te Korn der Aussaat. Sollten die Lassaner Hausleute nicht solchen Gewinn am Sommergetreide — worauf fast in jedem Jahre mit Gewißheit Rechnung zu machen ist — dem unsichern Roggenbau den Vorzug geben, wenn dieser auf ihrer Lokalität wirklich so unsicher wäre, daß sie öfters von ihm kaum die Aussaat wieder gewännen? Man kommt doch bei den angeführten Umständen unwillkührlich in die Versuchung an der Richtigkeit dieser Erfahrung zu zweifeln, da die Leute noch immer beim Roggenbau bleiben. Sie würden aber bei der Unterlas-

sung

sung des Roggenbaues das Hauptmaterial des Düngers — das Roggenstroh nämlich — verlieren, wendet Hr. v. B. wahrscheinlich ein; und ich muß es dem Urtheile des Publikums überlassen, ob dieser Einwand gegründet sey. Nach meiner Meinung würden sie — ohne darauf zu sehen, ob von den behackten Früchten ein Theil verfuttert wird oder nicht — von einer reichen Erndte an Sommergetreide ungleich mehr Stroh dem Gewichte nach erhalten, als von einer Roggenerndte, die oft kaum die Aussaat ersetzt. Solcher Roggen dürfte über 2 bis 300 Pfund Stroh pro Morgen wohl schwerlich geben; wem aber ist es unbekannt, daß Sommerkorn im Kartoffellande 1200 ja bis 2000 Pfund pro Morgen giebt?

Das S. 135 geäusserte Mißtrauen kommt mir ohngefähr so vor, als wenn man darum an der Sicherheit eines großen Handlungshauses zweifeln wollte, weil es auch die kleinen Handlungsvortheile wahrnimmt.

Ueber den Einwurf, den Anbau der Wicke und des Spörgels betreffend S. 136 und 137, hat sich Herr Thaer S. 409 zwar im Allgemeinen erklärt, es sey mir aber erlaubt, hierbei noch einen Augenblick zu verweilen, und die speciellen Behauptungen des Hr. v. B. ein wenig zu beleuchten.

Zuvörderst fällt es ihm besonders auf, daß ich S. 277 der 1sten Aufl. von gutem lehmigen Sandboden spreche, der Gerste und Weitzen trägt. Wie ein solcher Boden Sandboden genannt werden könne, sagt er, verstehe

er

er nicht. Dies kann seyn — es beweiset aber nicht, daß jene Benennung falsch ist. Der Sand ist in solchem Boden prädominirend; die Benennung ist also den verschiedenen Benennungen des Mergels, wobei es auf den prädominirenden Theil desselben ankommt, völlig analog und also richtig. Die Behauptung: daß ein jeder Boden, der eine Beimischung von Lehm hat, zu dem schweren gehöre, und bei nasser Witterung schmierig, bei trockner hingegen hart sey, — kann ich als richtig auch nicht unterschreiben. Es giebt eine Art Sandboden, die fast gar keine Dammerde und nur einen sehr geringen Theil von Lehm enthält, und dieser wird bei nasser Witterung nicht schmierig und noch weniger bei trockner hart. Daß nach der Einsicht des Hrn. v. B. der Sandboden nie einen Zusatz von Lehm hat, das kommt von den relativen Begriffen, vom Boden her, und gewiß würde es für den Landmann sehr nützlich seyn, wenn man bei den Benennungen des Ackers die Grundsätze von der Benennung des Mergels in Anwendung brächte; wenigstens würden diese zuverlässiger, als die bisherigen seyn. Ferner, daß die Wicke auf einem mit Dammerde gehörig vermischten Sandboden ein sehr unsicheres Gewächs seyn soll, — kann ich eben so wenig zugeben. In einem solchen Boden gedeihet sie recht gut, ja sogar auf Sandboden, der fast gar keinen Zusatz von Dammerde, dagegen aber eine tiefe Lage und einen feuchten Untergrund hat, als namentlich auf dem Unterthanen-Acker zu Cunersdorf an dem Wege, der von diesem

Dorfe nach Wriezen führt, und in der Nähe von Berlin bei dem sogenannten Saupfuhl, sahe ich verschiedentlich sehr schöne Wicken. Nicht die erfahrnen, sondern die in diesem Puncte unerfahrnen Landwirthe, werden Hrn. v. B. darin beipflichten: daß nach Wicken, wenn sie zu Heu gemacht sind, aus dem Winterkorn durchaus nichts ordentliches werden könne. Hr. v. B. lese doch Bergen und Arthur Young, um eine bessere Ueberzeugung zu bekommen, und traue den Versicherungen derer nicht, die das Gegentheil behaupten; diese begingen gewiß Fehler in der Anwendung, und ihre Erfahrungen bedürfen einer Berichtigung. Und wenn bei dem Hrn. v. B. der unmittelbar vor dem Wintergetreide hergegangene Spörgel, diesem Nachtheil zugefügt hat; so ist auch bei diesem ein Fehler in dem Anbau vorgegangen, und man darf sich auch um so weniger darüber wundern, da Hr. v. B. mit den Eigenschaften desselben so sehr unbekannt ist. Davon zeugt seine Behauptung: daß der Spörgel ein Gewächs sey, welches vom Vieh nur grün gefressen, aber als Heu nicht ins Maul genommen würde. Möchte doch Hr. v. B. vor dem Niederschreiben dieser grundlosen Behauptung beherziget haben, was ich am Schlusse der 4ten und am Anfange der 5ten Seite gesagt habe; so würde er gewiß in seiner Nachbarschaft die praktische Widerlegung dieser Behauptung gefunden haben. Als Beleg hierzu sey es mir erlaubt, die hierher einschlagende Stelle der Abhandlung des Herrn von Tornow, meines verehrungswürdigen Freundes und Gönners,

„Mecklen-

„Mecklenburgs vorzügliche ländliche Erwerbszweige, verglichen mit den erhöheten Güterpreisen. Eine von der dortigen oeconomischen Societät gekrönte Preisschrift. Lübeck, 1801."

hier beizubringen. Dieser gute Beobachter sagt S. 91 und folgende:

„Jedoch hat auch die gütige Vorsehung für solche Ge-
„genden gesorgt, die dem Kleebau nicht günstig sind,
„und es giebt Futterkräuter, durch deren Anbau ein
„Besitzer solcher Güter im Stande ist, seinem Vieh
„im Sommer mehrere und kräftigere Nahrung zu ge-
„ben, mehr Dünger zu gewinnen, den Acker merklich
„zu verbessern und zum Kleebau geschickter zu machen.
„Hierunter rechne ich vorzüglich den Spörgel (Sper-
„gula arvensis). Dies vortreffliche Gewächs gedei-
„het auf den sandigsten Stellen, und ohne vielen
„Dünger, und ist grün und gedörrt eins der nahrhaf-
„testen und am mehrsten die Milch befördernden Ge-
„wächse, ja es übertrifft grün gefuttert, noch den Klee
„selbst. Es besteht davon ein auffallendes Beispiel
„bei einem Schwedisch-Pommerschen Landbegüterten,
„der siebzig Kühe mit diesem Spörgel auf dem Stalle
„futtert, und von dieser Anzahl Kühe, bei diesem
„Spörgelfutter anstatt des Klees, nicht nur an die
„hundert Poll Milch auf den Tag mehr erhält, son-
„dern die Milch ist auch viel fetter. Wie sehr könn-
„ten mithin durch dessen reichlichen Anbau Bewohner
„solcher Gegenden, die schon an sich dem Graswuchse

„nicht günstig sind, und wo das Vieh am mehrsten „obenbesagten Kümmernissen ausgesetzt ist, in dem „mannigfaltigen Nutzen der Viehzucht gewinnen, und „ihrem Acker und Vieh auf gleiche Weise gütlich „thun, und sie würden von beiden des vergeltenden „Danks nicht ungewiß bleiben dürfen."

Auch aus eigener Erfahrung weiß ich, daß das Rindvieh den Spörgel grün und trocken — jedoch zur gehörigen Zeit gehauen — mit Zurücksetzung jeder andern Futterart, ungemein gern frißt, und dieser vorzüglich gut auf die Milch wirkt.

Die Erfahrung des Hrn. v. B. S. 137 und 138: daß Hafer nach Hafer besser, als nach Buchweitzen gerathen sey, — bricht der Wechselwirthschaft den Stab noch nicht. Es kann der Grund dazu in der Oertlichkeit oder in einem dem Buchweitzen ungünstigen Zufalle gelegen haben. Zudem aber ist der Buchweitzen von denen zum Verbessern geeigneten Früchten gewiß die schlechteste, von dessen Anwendung man also auf die zum Verbessern mehr geeignete Früchte keine unrichtigen Schlüsse machen muß.

Dem Hrn. v. B. leuchtet es nach S. 138 auch nicht ein, daß die Wechselwirthschaft ein kräftiges Mittel zur Vertilgung des Unkrauts sey. Die schädlichsten Unkrautsarten, nach seiner Bestimmung und in seiner Sprache zu reden, sind: Quecken, Hederich oder Küdik, die Wucherblume, die Trehmse, der Radel und die Drespel. Von den drei letzteren sagt er S. 141, daß sie sich durch reine Getreidesaaten vertilgen ließen. Sie hätten also hier, wo von der Wechselwirthschaft die Rede ist, keiner Erwähnung bedurft, da ein jeder gute Wirth bei dieser, so wie bei jeder andern Wirthschaftsart auf reines Saatgetreide halten wird. Ich komme mit Hrn. v. B. nach S. 139 aber darin überein, daß die Quecken in einem losen Boden ihre größte Vollkommenheit erreichen, nicht aber darin, daß ein beständiges Rühren ihrem Gedeihen durchaus zuträglich sey. Hr. Thaer hat schon am oftbemeldeten Orte S. 410 bemerkt, daß die Quecken sämmtlich in einem tüchtig gesommerpflügten Acker ohne alle Ruhe vergehen. Diese Bemerkung kann ich mit meiner eigenen Erfahrung bestätigen. Ich habe nämlich auf dem hiesigen Amts-Felde wahrgenommen, daß nach abgebrachten Kartoffeln, welche mit der Pferdehacke tüchtig bearbeitet waren, nach der Erndte keine Spur von Quecken zu sehen war, ungeachtet der Acker durch zwei vorhergegangene Getreidesaaten ziemlich verqueckt und unrein geworden war. Der Zusammenhang des Bodens wird durch nichts so sehr unterbrochen, als durch die Bearbeitung desselben mit dem Pfluge mit zwei Streichbretern, der demselben die Form eines Krappbrets giebt, und das sicherste Grab der Quecken ist. Die Handhacke kann freilich zur Vertilgung nicht ganz so viel leisten, weil sie nur die Oberfläche berührt, und die Quecken nicht vom Grunde aus hervorbringt und vernichtet. Sind nun die Quecken einmal in dem, den behackten Früchten gewidmeten Schlage vertilgt, und es entstehen bei der Anwendung des von mir vorgeschlagenen Wechsels neue, so ist allemal die Nachlässigkeit des Wirths schuld daran. In der Koppelwirthschaft, wo der Acker zwei bis dreimal hinter einander halmartige Getreidefrüchte tragen muß, und wo keine behackten Früchte gebaut werden, worin die Quecken also vorzüglich wuchern, ist es vielleicht möglich auch wohl wahrscheinlich, daß diese ohne Dreeschliegen nicht gut zu vertilgen sind, und da gebe ich zu, daß 3 ja wohl 4 Jahre dazu erforderlich sind. Die Meinung des Hrn. v. B., daß sich die Quecken unter Pahlkorn besonders unter Erbsen und Wicken am besten befinden, mag wohl daher rühren, daß Hr. v. B. in den Koppelwirthschaften die Erbsen in dem durch zwei Getreidesaaten verqueckten Nachschlage, und in der Dreifelderwirthschaft, in der Brache ohne Dünger hat bauen sehen, der wie natürlich auch zwei Getreidesaaten vorhergegangen waren. In einem solchen verunreinigten Boden mögen freilich die Erbsen den Quecken zuweilen unterliegen; der Ertrag solcher Erbsen ist aber gewiß äusserst gering, und es müßte doch der Wirth mit Blindheit geschlagen seyn und seinen eigenen Vortheil verkennen, wenn er diesen Erbsen nicht durch das Unterpflügen vor der Reife den Garaus zu machen, und seinen Acker wie eine reine Brache zu behandeln suchen sollte. Hr. v. B. führt ferner S. 139 noch an: „Nach den Grundsätzen der Wech-

„sel-

„selwirthschaft soll nun ein Theil des Hauptgetreides nach „den Erbsen folgen, und der zweite sich mit einer Furche „nach dem Klee behelfen. Wahrlich der müßte nie eine „Wirthschaft gesehen haben, der bei einem solchen Ver„fahren auf einen guten Ertrag des Wintergetreides „Rechnung machen könnte!“

Dies absprechende Urtheil verräth, daß Hr. v. B. in Betreff der Aussaat an Wintergetreide nach vorhergegangenem guten und reinen Klee, noch nie einen rechten Versüch gemacht hat; und in Absicht der Bedenklichkeit des Erbsenlandes, so zeigt diese, daß er beständig den vorbemeldeten verwilderten Boden vor Augen hat.

Und warum ist die Ausrottung des Hederichs durch die Kultur der Hacke nach S. 140 nur scheinbar? Wenn dessen Saame, wie Hr. v. B. selbst sagt, sich sehr lange im Acker erhält, und nur sehr verschieden aufläuft, auch nur durch vieles unmittelbares Berühren und zu Tagebefördern zum Auflaufen gereizt werden kann; so ist es doch einleuchtend, daß durch das oftmalige Hacken viel Saame zum Auflaufen gebracht und wieder zerstöret wird. Sollte auf diese Weise der Saamen-Vorrath im Acker nicht eher erschöpft, und dieser dadurch nicht mehr gereiniget werden können, als durch das Dreeschliegen? zumal da das Dreeschliegen den Saamen selbst nicht tödtet, sondern ihn nur vom Auflaufen abhält, wie dies Hr. v. B. auch selbst zugestehet, wenn er sagt: daß dessen Saame sich lange im Acker erhalte. Und endlich

endlich muß dann der Dreesch nicht auch gelockert werden, wenn er wieder zum Getreidebau vorbereitet werden soll? und wird der durch den Dreesch nicht vertilgte Saame alsdenn nicht auflaufen und dem Getreide schädlich werden? Daß auch die Sommerfelder in Koppelwirthschaften nicht wenig mit Hederich prangen, habe auch ich, wie Hr. Thaer im Mecklenburgischen sowohl, als auch im Holsteinischen bemerkt. Die Behauptung: daß das übelste aller Unkrautsarten, nämlich die Wucherblume, nur allein durch Dreeschliegen des Ackers zu vertilgen sey, — hat Hr. Thaer bestritten, und ich muß ihm darin völlig beitreten. Denn wenn diese Behauptung gegründet wäre, so müßte es wohl nirgends weniger Wucherblumen geben, als im Holsteinischen; aber ich muß gestehen, daß mir auf meinen Reisen in keiner Gegend mehr aufgestoßen sind, als gerade da, und nach der Meinung der dasigen Einwohner können sie nur durch eine gute Kultur ausgerottet werden. Wenn sich diese Unkrautsart nun auf den Feldern des Hrn. v. B. verloren hat, so mag er dies mehr auf Rechnung einer verbesserten Kultur, als auf Rechnung der eingeführten Koppelwirthschaft schreiben.

Daß Hr. v. B. nicht einsieht, wie der vom Herrn Thaer empfohlene Exstirpator zur Vertilgung des Unkrauts beitragen oder wirken könne, ist ihm zu verzeihen, da er dieses Instrument nicht kennt. Wenn er aber dabei behauptet, daß Unkrautssaame nach der

Erndte, wenn er auch gerührt werde, nicht mehr keime; so irrt er. Wo käme denn wohl der Hederich her, womit die Felder zur Herbstbestellung, besonders im Nordlande, wo ihn die Schaafe nicht fressen, vor der letzten Furche ganz grün überzogen sind, da doch die Wendfahr größtentheils auch erst in und nach der Erndte gepflügt und dadurch der früher aufgelaufene Hederich vertilgt wird.

S. 142 wirft mir Hr. v. B. einen Fehler vor, dessen ich mich S. 122 der 1sten Auflage schuldig gemacht haben soll, und den ich gegen andere in der Vorrede S. VI gerügt habe. Dieser Vorwurf ist wohl nur dem Scheine nach gegründet. Die Grundsätze, welche ich vorgetragen habe, gründen sich keinesweges, als wie Hr. v. B. vorgiebt, auf analogische Principien, sondern auf Erfahrung; bloß die Anwendung derselben ist aus der Analogie entnommen. Wie ist es aber möglich, in der Landwirthschaft um einen Schritt weiter zu kommen, wenn Erfahrungsgrundsätze nicht analogisch angewendet werden sollen? Woher anders entstand die Mecklenburgische Koppelwirthschaft, als aus der analogischen Anwendung der besten Grundsätze aus der Holsteinischen und der Dreifelderwirthschaft? Meint aber Hr. v. B., daß die Mecklenburgische Koppelwirthschaft das non plus ultra aller Wirthschaftsarten ist; so kann er sich des Vorwurfs der Orthodoxie nicht entziehen, und nur so läßt es sich erklä-

erklären, daß er in den in Rede stehenden Fehler fällt, welchen er an mir rügt. Er verwirft nämlich die Wechselwirthschaft und beruft sich dabei auf seine Erfahrungen; da er nun aber gar keine Erfahrungen in der Wechselwirthschaft, sondern bloß in der Koppelwirthschaft hat, so sind diese nur einseitig und releviren nichts gegen die meinigen.

Hr. v. B. beschuldigt mich auch S. 143. einer Inconsequenz, weil ich nach wenigen Versuchen den Werth eines ganzen Ackersystems bestimmen wollte. — Das ganze System fließt zu sehr aus der Natur der Sache, als daß sich aus dieser, in Zusammenstellung mit jenen Versuchen, nicht der Werth oder Unwerth desselben bestimmen ließe. Die Erfahrung hat während dieser Zeit auch ein kräftiges Wort mit gesprochen, was im allgemeinen zu Gunsten des Systems ausgefallen ist. Ich selbst habe eine dreijährige Erfahrung mehr, und habe während dieser Zeit erst recht einsehen gelernt, welcher Energie eine wohleingerichtete Wechselwirthschaft fähig ist, und welche Vortheile sie dem Besitzer gewähret. Und wer kennt nicht jetzt schon in der Nähe und in der Ferne Wechselwirthschaften, durch deren Anwendung die Revenüen der Güter ums Doppelte und Mehrfache erhöhet worden sind! Ich beziehe mich hier nur auf die Note in dieser Auflage, die Wirthschaft des Kammerherrn von Juel auf Torseng betreffend.

Was

Was nach S. 143 u. f. die statistischen Verhältnisse Englands betrifft, so hat sich Hr. Thaer darüber S. 410 erklärt.

Das Raisonnement S. 145, daß nämlich dem größten Theil unserer deutschen Landwirthe zur Gewinnung einer reichen Düngermasse weiter nichts übrig bleibe, als die Kunst, den Anbau des Winterstrohes zur größten Vollkommenheit zu bringen, — bedarf wohl keiner Widerlegung, da wir jetzt bessere Grundsätze zur Beurtheilung der Düngergewinnung haben. Wenn aber Hr. v. B. auf eben dieser Seite behauptet: daß Mecklenburg sogar während der letztern unfruchtbaren Jahre ganze Königreiche mit Getreide versorgt habe, die ohne dessen Hülfe hätten verhungern müssen, — so kann man sich doch des Wunsches nicht enthalten, diese Königreiche öffentlich genannt zu hören, weil man sonst wegen der unbedeutenden Etendue dieses Landes in die Versuchung geräth zu glauben, daß sie im Monde liegen. Daß aber bei alle dem, Getreideexportation noch nicht allein der Probierstein zur Prüfung der Vollkommenheit einer Wirthschaftsart und des Reichthums eines Landes ist, davon führt das vormalige Polen bei allen seinen damaligen starken Getreide-Exportationen den Beweis.

Die Frage S. 146: Was würde aus unsern deutschen Landwirthen werden, wenn sie nach meinem Vor-

Vorschlage sich alle auf die Viehmastung legen wollten? mag Hr. v. B. sich analogisch aus seiner eigenen Bemerkung auf eben der Seite: „wie wäre ein solcher Gemeingeist unter Leuten möglich, die allein „ihren Endzweck auf Gewinn setzen —" und aus dem Ende der 118ten und dem Anfange der 119ten Seite der 1sten Auflage meiner Schrift beantworten. Die Behauptung aber S. 147: daß nur noch neulich in Schwedisch-Pommern, Schweine und Schaafe hätten halb verschenkt werden müssen, — kann keiner dem Hrn. v. B. auf sein Wort glauben, der da weiß, wie sehr gerade diese Vieharten in allen andern Gegenden gesucht und theuer bezahlt worden sind. Ueberdies liegt ja Schwedisch-Pommern nicht einmal so weit von der Mark und von den Städten, Nordhausen, Genthin und Quecklinburg entfernt, als wie Hinterpommern, von wo aus doch so unendlich viel Schaafe und Schweine nach der gedachten Gegend und den Oertern geholt werden; und ich habe ein zu gutes Zutrauen zu der Bekanntschaft der Bewohner dieses Landes mit den Zeitverhältnissen, als daß ich glauben könnte, sie selbst würden die Orte nicht zu finden wissen, wo mageres und fettes Vieh beständig gesucht wird, ohne daß man es dort geschenkt zu bekommen verlangt. Ueberhaupt aber, so haben die Preise des Viehes im Durchschnitt von zwanzig Jahren, als so lange ich einen Beobachter abgegeben habe, mit den Preisen des Getreides immer gleichen Schritt gehalten.

ten. Dieser stehet jetzt ohngefähr dreimal so hoch, als vor zwanzig Jahren, und der Preis des Viehes eben so. Mein nunmehr verstorbener Vater hatte vor zwanzig Jahren das Unglück, daß ihm viel Kühe an der Hundswuth fielen. Er trat mit noch mehrern seiner Nachbaren zusammen, und ließ eine ansehnliche Anzahl Kühe und Ochsen aus Hinterpommern kommen, wovon die ersteren im Durchschnitt das Stück 9 Rthlr. und die letzteren 18 Rthlr. pro Stück kosteten, und es war so gutes Vieh, wie es jetzt nicht für den dreifach erhöheten Preis angeschafft werden kann. So lange also die Preise in gleichem Verhältnisse steigen, darf niemand für den Absatz des einen oder des andern Produkts in Sorgen seyn. Zudem habe ich mich deutlich genug erklärt, daß ich die Viehzucht nicht als Zweck, sondern als Mittel zur Vermehrung des Getreidebaues ansehe.

Ueber den Einwurf: daß es wider alle Erfahrung streite, wie dadurch guter Mist auf den Acker kommen könne, wenn derselbe im Winter oder im zeitigen Frühjahre auf den Acker gefahren werde, — hat sich Hr. Thaer S. 410 und 411 sehr zureichend erklärt, und er bedarf dieserhalb weiter keiner Widerlegung.

Der Vorwurf S. 147 und 148: daß ich ein Gut zum Ideal angenommen habe, was gar keine wilde Wiesen besitzt, welches er in der Wirklichkeit nicht gegrüngründet fände; — sollte mir wohl mehr zum Lobe als zum Tadel gereichen. Denn wenn ein solches Gut durch die Einführung der Wechselwirthschaft erweislich in einen dreijährigen Düngerzustand gesetzt werden kann; wie vielmehr wird es sich wohl befinden, wenn es noch einen Zugang von wildem Wiesenheu hat? und wie man sich bei dem Ueberfluß zu verhalten habe, habe ich auch an seinem Orte gezeigt. Wenn Hr. v. B. aber die Wirklichkeit eines solchen Gutes bezweifelt; so beweiset dies nur, daß er in der Mittelmark Brandenburg wenig oder gar nicht bekannt ist.

Die Bedenklichkeit S. 148 wegen des von mir vorgeschlagenen Ueberdüngens des Roggens, schmeckt, wie Hr. v. B. weiterhin selbst zugesteht, wirklich nach Pedanterei, und er mag sich aus dem von Hrn. Thaer in dessen 3ten Theile der Einleitung zur Kenntniß der englischen Landwirthschaft S. 185 und 186 aufgestellten Beispiele der Verfahrungsart des großen Ducket, überzeugen, daß es mit den Injurien der Wagen und Pferdetritte wirklich nicht viel zu sagen hat, wenn der Acker nur rein und gehörig präparirt wird. Besser noch als das Ducketsche Verfahren bleibt aber dasselbe, beim Frostwetter. — Auf derselben Seite äussert sich Hr. v. B. dahin, daß er sich den Nutzen des Ueberdüngens nicht erklären könne, weil er befürchte, der kurze Mist werde als Staub verfliegen, und der lange die Saat ersticken. Ich glaube weder das erstere noch das letztere.

Denn

Denn wenn der Mist lang ist, so kann er so schwer nicht seyn, um sich so fest auf den Boden zu senken, daß er der Luft allen Zutritt zu der Saat verschließen, und deren Ersticken zur Folge haben sollte. Bei diesem Miste fürchte ich mehr das Verwehen als bei jenem; weil das Stroh an sich leichter und nicht so bindend zusammenhängend ist, als kurzer größtentheils aus Exkrementen bestehender und durch thierischen Schleim gehörig gebundener Dünger, der dem Winde auch soviel Volumen in seinen einzelnen Theilen nicht darbieten kann, als der lange; und dieserwegen nehme ich zum Ueberdüngen nur kurzen Mist. Die Besorgniß aber, daß dieser verwehen werde ist ganz ohne Grund. Ich habe schon erwähnt, daß er ungleich mehr zusammenhängend ist, als der lange Mist, und folglich kann er vom Winde bei weiten nicht so leicht, als der lange, zertheilt werden. Die Möglichkeit, daß er verwehen kann, dünkt mich, kann nur dann statt finden, wenn er durch anhaltende Dürre völlig zu Pulver getrocknet ist. Wie aber ist dies den Winter hindurch möglich? und wenn die austrocknenden Frühjahrswinde kommen, so nimmt ihn die früher sprossende Saat sogleich in Schutz.

Der Nutzen des Ueberhordens mit den Schaafen auf leichten Boden, bedarf keiner Erwähnung, da er zu eklatant bekannt ist.

Wenn Hr. v. B. S. 149 sagt: daß er der Koppelwirthschaft allein einen so reichen Düngervorrath

zu

zu verdanken habe, daß er noch mehr als seine zwei Brachen abdüngen könne; — so kann man ihm dies doch wohl nicht eher glauben, als bis er uns eine detaillirte Nachweisung davon, nach Maaßgabe der neuern Grundsätze und ohne Uebergehung der Nebenzugänge geliefert hat. Bis dahin bin ich zu glauben geneigt, daß der Düngervorrath zur Hälfte aus den Nebenzugängen entspringt und also nicht auf Rechnung der Koppelwirthschaft zu schreiben ist. Andere Koppelwirthschaften auf leichtem Boden und ohne Nebenzugänge bestätigen dies sowohl in der Mark, als in Mecklenburg. Daß die Mecklenburgische Koppelwirthschaft in mancher Lokalität mehr Getreide produzirt, als die Dreifelderwirthschaft, das glaube ich Hr. v. B., und sie würde aus diesem Grunde auch mehr Menschen ernähren können, wenn sie diese nur in eine rechte Wirksamkeit zu setzen vermöchte. Da sie aber dies nicht kann, so befördert sie die Bevölkerung nur sehr mäßig, wovon Mecklenburg selbst den Beweis liefert. Wäre dieses Land mehr bevölkert, so würde es auch nicht so viel Getreide exportiren können. Eine Vergrösserung des Zugviehstandes aber kann sie unmittelbar nie bewirken; denn welche Beschäftigungen kann sie diesem ausser einigen Markt- und Erndtefuhren mehr darbieten, als die Dreifelderwirthschaft? Zwei Drittheile des Feldes in gleicher Güte bestellt, müssen doch wohl mehr Arbeit erfordern, als die Hälfte desselben? — Daß Hr. v. B. jetzt mehr Menschen und Vieh unterhält, als bei der

der Dreifelderwirthschaft seines Vaters — beweiset nichts für seine Behauptung, sondern nur soviel, daß sich seine Wirthschaft verbessert hat. Sie würde aber auch als Dreifelderwirthschaft, bei einem verbesserten Betriebe, und bei den Verbesserungen, welche Hr. v. B. den Nebenbranchen hat angedeihen lassen und noch angedeihen läßt, mehr Menschen und Vieh als ehedem erfordert haben.

Was Hr. v. B. S. 151 und 152 über Holsteinische und Meklenburgische Koppelwirthschaft sagt, das lasse ich ganz in seinen Werth gestellt seyn. Wie aber würde es um die Einführung der letzteren gestanden haben, wenn der verehrte Hr. Oberlanddrost von der Lühe eben so wie Hr. v. B. über die Wechselwirthschaft schließt, a priori geschlossen hätte: die analogische Anwendung der guten Grundsätze aus der Holsteinischen Wirthschaft auf die Dreifelderwirthschaft (woraus die Koppelwirthschaft entstanden ist,) ist dem allgemeinen Besten nachtheilig, folglich muß sie unterlassen werden. —

Von der Wahrheit des Raisonnements S. 152 und 153, über die Folgen der Einführung der Koppelwirthschaft in Mecklenburg, bin ich zwar völlig überzeugt; wenn aber dasselbe beweisen soll: daß die Koppelwirthschaft die Bevölkerung sehr begünstige, — so muß ich gestehen, daß ich diesen Beweis darin nicht finde.

Kuch dünckt, es beweiset nur die Schädlichkeit der Hofdienste. Diese aber habe ich nie bestritten, und werde sie auch nie bestreiten.

Wenn der Hr. v. B. bei 900 Morgen Ackerland, wilde Wiesen, und ausserdem auch Elsholzungen hat; so glaube ich es ihm, daß er in dieser Wirthschaft 40 Menschen beschäftigen kann. Wie viel würde er aber beschäftigen können, wenn seinem Gute die Nebenbranchen — die nach seinen vorhergegangenen Aeusserungen sehr bedeutend zu seyn scheinen — abgingen?

Daß es Dreifelderwirthschaften allemal an Dünger mangeln sollte — kann ich als richtig auch nicht zugeben. Ich kenne mehrere, wo die dem Hrn. v. B. zu Gute kommenden Zugänge, den Dünger so sehr vermehren, daß alljährlich ein Drittel des Feldes ausgedüngt werden kann. Und wie ich im Besitz eines solchen Gutes procediren würde, darüber habe ich mich in meiner Schrift selbst erkläret.

Den Glauben des Hr. v. B. S. 154: daß ich nie eine Mecklenburgische Koppelwirthschaft gesehen habe, weil ich behaupte, daß Klee in der dritten Tracht nach dem Dünger nur selten gut gerathe — muß ich ihm zwar lassen, thue dies auch recht gern, wenn es zu seiner Beruhigung beiträgt; allein überzeugen wird er mich nie davon, daß der Klee in der zweiten Tracht nicht besser, als in der dritten gerathen sollte. Und wenn der weisse Klee an einigen Orten auch in der dritten Tracht

recht

recht gut geräth; so sind dies Ausnahmen von der Regel, die diese nicht entkräften. Viele Mecklenburgische Koppelwirthe sind davon eben so gut überzeugt als ich. So sagt z. B. der Hr. v. Tornow, ein geborner Mecklenburger, in seiner gekrönten Preisschrift S. 90 und 91:

„Wer da glaubt, daß Klee, auf guten gewiß zuträg„lichen Acker, in vierter oder gar fünfter Düngertracht „unter Sommerkorn gesäet, noch reichlich fortkommen „soll, der macht sich von ihm eine günstigere Idee, als „in der Natur gegründet ist. Oft ist er schon mit der „dritten Saat nicht mehr zufrieden, weil er darinnen „das nicht mehr vorfindet, was er, gleich andern „Gewächsen, zu seinem reichlichen Gedeihen nothwen„dig braucht, ich meine nämlich, hinreichende Nah„rungstheile. Gebe man ihm diese nur, so wird „er gewiß an den mehrsten Orten fortkommen, und „seine Ausbeute wird sich nach seiner Nahrung richten.“

Ich glaube zwar gern, was Hr. v. B. ferner sagt, daß nämlich ein guter Wirth auch in der Mecklenburgischen Koppelwirthschaft seinen Nachschlag allemal mit weissem Klee besäe, und ihn nicht der wilden Natur überlasse. Dies kann besonders in den neuesten Zeiten Mode geworden seyn; vor mehreren Jahren aber habe ich mehr Koppelwirthschaften ohne, als mit weissem Klee gefunden, und noch jetzt halten die Kuhpächter sehr darauf, daß das Kleesäen ganz unterlassen wird, weil es ihnen darauf nicht ankommt, ob eine Kuh auf zwei oder auf sechs Morgen ihre Nahrung findet; der Verpächter muß ihnen die benöthigte Weide für den verpachteten Viehstand schaffen, und da mag es sowohl mittel- als unmittelbar dem Vortheil des Pächters angemessen seyn, diese auf einem grösseren Flächenraume ohne Klee, als auf einem kleineren mit Klee zu finden. Unmittelbar, weil, wie auch Hr. v. B. gedenket, die Pächter oder Holländer bemerkt haben, daß eine reichliche Grasweide mehr auf den Milchertrag wirkt, als eine dergleichen Kleeweide. Mittelbar gewinnt der Pächter gewiß dadurch, daß der Verpächter nun wegen der Sommerweide, wornach der Koppelwirth in der Regel seinen Viehstand zu reguliren pflegt, eine verminderte Anzahl von Kühen halten und diese im Winter besser futtern kann, woran es in Koppelwirthschaften nach dem alten Leisten und ohne Nebenzugänge gewöhnlich zu fehlen pflegt.

	Feld No. 1.			
	1.	2.	3.	4.
1)	Weitzen.	Roggen.	Roggen.	Brache.
2)	Gerste.	Haber.	Haber.	Roggen.
3)	Brache.	Brache.	Mist mit Brach-Früchten.	Haber.
4)	Roggen.	Roggen.	Weitzen.	Brache.
5)	Haber.	Haber.	Gerste.	Roggen.
6)	Brache.	Mist mit Brach-Früchten.	Brache.	Haber.
7)	Roggen.	Weitzen.	Roggen.	Mist mit Brach-Früchten.
8)	Haber.	Gerste.	Haber.	Weitzen.
9)	Mist mit Brach-Früchten.	Brache.	Brache.	Gerste.

B.

	Feld No. 3.			
6.	7.	8.	9.	
Mist mit Brach-Früchten.	Haber.	Haber.	Gerste.	1797.
Weitzen.	Brache.	Mist mit Brach-Früchten.	Brache.	1798.
Gerste.	Roggen.	Weitzen.	Roggen.	1799.
Brache.	Haber.	Gerste.	Haber.	1800.
Roggen.	Mist mit Brach-Früchten.	Brache.	Brache.	1801.
Haber.	Weitzen.	Roggen.	Roggen.	1802.
Brache.	Gerste.	Haber.	Haber.	1803.
Roggen.	Brache.	Brache.	Mist mit Brach-Früchten.	1804.
Haber.	Roggen.	Roggen.	Weitzen.	1805.

	Schlag 1.	2.	3.	4.
9)	Mist mit Erbsen u. behackten Früchten	Brache.	Brache.	Gerste.
1)	Weitzen mit Klee.	Wicken.	Roggen.	Brache.
2)	Kleeweide.	Roggen mit Klee, im vorigen Jahre überdüngt.	Wicken oder Haber.	Roggen.
3)	Kleeweide.	Kleeweide.	Roggen mit Klee, im vorigen Jahre überdüngt.	Halbe Düngung mit Wicken.
4)	Haber.	Kleeweide.	Kleeweide.	Roggen mit Klee.
5)	Mist mit behackten Früchten.	Haber.	Kleeweide.	Kleeweide.
6)	Gerste.	Mist mit behackten Früchten.	Haber.	Kleeweide.
7)	Erbsen.	Gerste.	Mist mit behackten Früchten.	Haber.
8)	Roggen.	Erbsen.	Gerste.	Mist mit behackten Früchten.
9)	Mist mit Wicken.	Roggen.	Erbsen.	Gerste.
1)	Weitzen mit Klee.	Mist mit Wicken.	Roggen.	Halbe Düngung mit Erbsen.

6.	7.	8.	9.	
aber.	Roggen.	Roggen.	Weitzen mit Klee.	1805.
mit be- ackten rüchten.	Haber.	Haber.	Kleeweide.	1806.
erste.	Mist mit be- backten Früchten.	Haber.	Kleeweide.	1807.
rbsen.	Roggen.	Mist mit be- backten Früchten.	Haber.	1808.
oggen.	Erbsen.	Gerste.	Mist mit be- backten Früchten.	1809.
ist mit Wicken.	Roggen.	Erbsen.	Gerste.	1810.
zen mit Klee.	Mist mit Wicken.	Roggen.	Erbsen.	1811.
eweide.	Weitzen mit Klee.	Mist mit Wicken.	Roggen.	1812.
eweide.	Kleeweide.	Weitzen mit Klee.	Mist mit Wicken.	1813.
aber.	Kleeweide.	Kleeweide.	Weitzen mit Klee.	1814.
mit be- ackten üchten.	Haber.	Kleeweide.	Kleeweide	1815.

www.ingramcontent.com/pod-product-compliance
Lightning Source LLC
LaVergne TN
LVHW091727021026
849161LV00003BB/333